Guía para el estudio de

LOS SERES VIVOS
DE LAS AGUAS DULCES

Guía para el estudio de

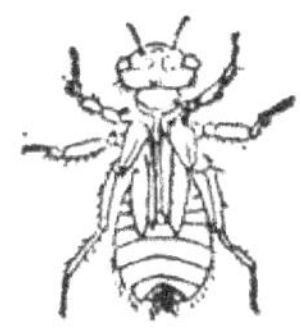

LOS SERES VIVOS DE LAS AGUAS DULCES

Traducción adaptada para España y América

JAMES G. NEEDHAM

PAUL R. NEEDHAM

EDITORIAL REVERTÉ, S. A.

Barcelona - Bogotá - Buenos Aires - Caracas - México - Rio de Janeiro

Título de la obra original:
A guide to the study of Fresh-water Biology

Edición original en lengua inglesa publicada por:
Holden-Day. Inc., San Francisco, USA.

Versión española y adaptación

C. Altimira
Juan Armengol
Pilar Gracia
Albert Guixet
Hugo L. López
Roberto C. Menni
Joseph M.ª Monfort
Jacinto Nadal
Narcís Prat i Fornells
Juan Seoane
Adolfo de Sostoa

Propiedad de:
EDITORIAL REVERTÉ, S. A.
Loreto, 13-15, Local B
08029 Barcelona
Tel: (34) 93 419 33 36
Fax: (34) 93 419 51 89
E-mail: reverte@reverte.com
Internet: http://www.reverte.com

Edición en español

REIMPRESIÓN: Junio de 2002

Impreso en España - Printed in Spain

ISBN: 978-84-291-1835-3

Depósito legal: SE-2205-2002

Impresión: Publicaciones Digitales, S.A. (Sevilla)
www.publidisa.com – (+34) 95.458.34.25.

Prólogo

Ésta es la 5.ª edición de la presente obra. Su objetivo continúa siendo el mismo que el de las ediciones anteriores: facilitar el reconocimiento de los organismos de las aguas dulces, tanto en el laboratorio como en la propia naturaleza. El formato sigue siendo el de ediciones anteriores, con la presentación de tablas y figuras que ilustran principalmente géneros y, en unos pocos casos, también especies. Sólo están incluidos en esta obra los organismos que se encuentran comúnmente en las aguas dulces; no se tratan los habitantes de aguas saladas, salobres o alcalinas. Las plantas vasculares han sido también omitidas. Los nombres genéricos están referidos en el sentido de grupos de especies, de manera que un principiante sea capaz de reconocerlos por diferencias externas.

Se han incluido nuevas láminas de protozoos, heterópteros acuáticos, larvas de plecópteros, y coleópteros acuáticos. Igualmente se han hecho numerosas revisiones en todas las claves de determinación.

Por otra parte han sido incluidos los temas siguientes: cuidado de las colecciones de campo, métodos para muestreo cuantitativo del fondo de arroyos y lagos, distribución y abundancia de organismos que viven en los arroyos, métodos de análisis de aguas, cantidad de oxígeno, anhídrido carbónico, alcalinidad y determinación del pH. Por añadidura se dan referencias de las nuevas publicaciones aparecidas tras la de la cuarta edición de este libro.

Agradezco la colaboración de diversos colegas por la ayuda prestada en la revisión de muchos géneros: Dr. William Balamuth (protozoos), Dr. Frank Cole (dípteros), D. W. C. Day (efemerópteros), Dr. D. G. Denning (tricópteros), D. W. I. Follet (peces), Dr. John G. Gallagher (rotíferos), D. Stanley Jewett (plecópteros), D. Hugh B. Leach (coleópteros acuáticos), Dr. Milton C. Miller (crustáceos), Dr. G. F. Pappenfuss (algas), D. Allyn G. Smith (moluscos) y Dr. R. L. Usinger (hemípteros acuáticos).

Estoy muy agradecido a Miss Jean Swift de Holden-Day, por su destacado esfuerzo en el arreglo de láminas, leyendas, claves, referencias de las figuras, etc.

Asimismo estoy especialmente en deuda con Mrs. Emily Reid por hacer los nuevos dibujos requeridos. A Miss Pauline Shorb le debo mucho por su meticuloso trabajo de mecanografiar y corregir las pruebas. El estudiante graduado Robert Behnke proporcionó gran ayuda en la corrección de pruebas. Los errores que puedan ser encontrados se deben únicamente al fallo del autor.

La observación de los organismos acuáticos en sus medios naturales es esencial para acompañar el trabajo de puertas para adentro de hallar sus nombres. Es simple y fácil el distinguir un ninfa de efemeróptero de una de plecóptero o una larva de coleóptero de una de tricóptero. Los usuarios de este libro no deberían perder el uso del nombre vulgar, ni tener el temor que inspiran los nombres científicos, retrasaría su progreso en adquirir familiaridad con uno de los más ricos y más diversos ambientes del mundo. Ninguna de las materias que son enseñadas a jóvenes y adultos es más aprovechable y a la vez más fácil de encontrar que los organismos acuáticos. Es igualmente conveniente como fuente de investigación y los placeres del hallazgo aguardan a todo aquel que se sumerja en el agua para descubrirlos.

Por pequeño que sea un nicho o por extensa, profunda, caliente o fría que sea el agua, siempre contendrán sus elementos naturales, su fauna.

Berkeley, California **PAUL R. NEEDHAM**

Indice analítico

VII. MISCELÁNEA DE INSECTOS

VIII. NINFAS DE MOSCAS DE LA PIEDRA (PLECOPTERA)

IX. NINFAS DE MOSCAS DE MAYO (EPHEMEROPTERA)

X. NINFAS DE LIBÉLULAS Y CABALLITOS DEL DIABLO (ODONATA)

XI. CHINCHES ACUÁTICAS (HEMIPTERA)

XII. LARVAS DE FRIGÁNEAS (TRICHOPTERA)

XIII. DIPTERA

XIV. ESCARABAJOS (COLEOPTERA)

XV. PECES DE AGUA DULCE

Referencias generales

La lista que sigue es de referencias generales, en ella los lectores podrán encontrar ayuda para llegar lo más lejos posible en la identificación de las plantas y animales acuáticos. Por otra parte estas referencias se encuentran también a lo largo del libro, en las páginas indicadas, para los que están interesados en obtener información más detallada y especializada: algas, 12; protozoos, 17; rotíferos, 24; moluscos y crustáceos, 33; plecópteros y efemerópteros, 45; efemerópteros, 51; libélulas y caballitos del diablo, 60; hemípteros, 64; tricópteros, 69; dípteros, 74; coleópteros, 82; peces, 93; peces Argentina, 103.

American Public Health Association
1960 *Standard methods for the examination of water and sewage*. 11.ª ed. 286 pp. New York, N.Y.

Carpenter, K. E.
1928 *Life in inland waters*. 227 pp. Sidgwick & Jackson, London.

Fassett, N. C.
1940 *A manual of aquatic plants*. 382 pp. McGraw-Hill, New York, N.Y.

Frey, David G. (editor)
1963 *Limnology in North America*. 734 pp. University of Wisconsin Press.

Hyman, Libbie H.
1940-1955 *The invertebrates*, vols. I-IV. McGraw-Hill, New York, N.Y.

Macan, T. T.
1959 *A guide to invertebrate freshwater animals*. 118 pp. Longmans, Green and Co., London, England.

Macan, T. T.
1963 *Freshwater ecology*. 338 pp. John Wiley & Sons, New York, N. Y.

Macan, T. T. and. E. B. Worthington
1951 *Life in lakes and rivers*. 272 pp. London, England.

Morgan, A. H.
1930 *Field book of ponds and streams*. 448 pp. G. P. Putnam's Sons, New York, N.Y.

Muenscher, W. C.
1944 *Aquatic plants of the United States*. 374 pp. Comstock Publishing Co., Ithaca, N.Y.

Needham, J. G., y J. T. Lloyd
1916 *The life of inland waters*. 438 pp. Comstock Publishing Co., Ithaca, N.Y.

Needham, J. G. et al.
1937 *Culture methods for invertebrate animals*. 590 pp. Comstock Publishing Co.,

Needham, Paul R.
1940 *Trout streams*. 233 pp. Comstock Publishing Co., Ithaca, N.Y.

Pennak, R. W.
1953 *Fresh-water invertebrates of the United States*. 769 pp. Ronald Press, New York, N. Y.

Pratt, H. S.
1935 *Manual of the common invertebrate animals*. ed. rev., 854 pp. The Blakiston Co., Philadelphia, Pa.

Ruttner, F.
1953 *Fundamentals of limnology*. 242 pp. University of Toronto Press.

Smith, G. M.
1950 *The fresh-water algae of the United States,* ed. rev., 719 pp. McGraw-Hill, New York, N.Y.

Usinger, R. L., *et* al.
1956 *Aquatic insects of California with keys to North American genera and California species.* University of California Press, Berkeley, California.

Van Reine, W. J. Prud' Homme
1957 *Plants and animals of pond and stream.* 159 pp. Traducción del holandés por Mona C. Harrison. John Murray, London.

Ward, H. B. y G. C. Whipple
1959 *Fresh-water biology,* 2.ª ed. 1248 pp. Edited by W. T. Edmondson, John Wiley & Sons, New York, N.Y.

Welch, Paul S.
1952 *Limnology,* ed. rev., 538 pp. McGraw-Hill, New York, N.Y.

Welch, Paul S.
1948 *Limnological methods.* 381 pp. The Blakiston Co., Philadelphia, Pa. Wessenberg-Lund, C.
1939 *Biologie der Süsswassertiere.* 817 pp. Viena, Austria.

Whipple, G. C.
1927 *The microscopy of drinking water.* 323 pp. John Wiley & Sons, New York, N.Y.

PRIMERA PARTE

Guías para el reconocimiento de algas e invertebrados dulceacuícolas

Esta primera parte consta de varias guías para el reconocimiento de organismos dulceacuícolas. Las materias, ordenadas en secciones según el orden filogenético, incluyen: algas e invertebrados (con particular énfasis en las larvas de insectos). Se han añadido los recientes estudios, que han aumentado en gran manera nuestro conocimiento de los estados inmaduros de insectos. En general, en los títulos, están enmarcados primero los nombres vulgares y luego los nombres científicos entre paréntesis.

Muchas secciones tienen dos guías para el reconocimiento de los organismos, claves y láminas ilustradas. Algunas poseen tablas especiales.

Las claves están concebidas de manera que las características opuestas están emparejadas. Para utilizar la clave se escoge de entre las alternativas ofrecidas la apropiada para el organismo a identificar; luego, se siguen las referencias, escogiendo de modo análogo al caso anterior, hasta llegar al nombre del organismo. En la mayoría de los casos este nombre es el género; en algunos es el de la familia. Órdenes y clases están escritos en mayúsculas grandes, las familias en mayúsculas pequeñas, géneros y especies en cursiva. No hay relación con los números de las figuras de las láminas. Las referencias de las láminas se dan en columna aparte, seguida del nombre. Un glosario al final del libro proporciona las definiciones de términos que puedan ser poco familiares.

Las láminas ilustran muchos géneros, pero no todos. Los nombres de los géneros ilustrados se dan en orden alfabético en tablas al pie de las láminas. En algunas de estas láminas, en particular las de insectos, se da información adicional. La segunda columna muestra el número de la figura; los números de las figuras seguidos de letras (como 12a) representan detalles o variantes del género; los números en paréntesis se usan cuando no hay una ilustración del género e indica la figura de uno similar. La tercera columna da la longitud del género e indica la figura de uno similar. La tercera columna da la longitud de la especie en milímetros (1 mm = 1/25 pulgadas) o en el caso de protozoos en micras (μ). En las figuras de insectos se da la longitud del cuerpo sin contar antenas ni cola. La madurez de ninfas de insectos se puede juzgar en algunos casos por la longitud de las alas. Las letras mayúsculas de la siguiente columna indican la distribución, de una manera general: N, E. S. W; G, general; C, central. La última columna da el hábitat, para los Estados Unidos, en términos de movimiento del agua: estancada o corriente.

I

Algas

Ni todas las algas ni todos los protozoos pueden ser claramente repartidos simplemente entre plantas y animales. Hay excesivo solapamiento en hábitos, estructuras y fisiologías. Por esta razón, algunas formas flageladas tales como *Chlamydomonas, Volvox* y *Eudorina*, están ahora incluidas al mismo tiempo como algas y protozoos. Para una discusión de este problema, véase Stanier in Ward and Whipple, *Fresh-water Biology*, 1959, pp. 7-15

CLAVE I: ALGAS

Clave		*Lámina ref.*
1 —Células verde azuladas: los pigmentos no están en cloroplastos. Las Cianofíceas: MYXOPHYCEAE	*2*	**IA**
—Células verdes, rojas o pardas	*18*	
2 —Células unicelulares o en racimos y colonias, nunca formando filamentos; generalmente embebidas en una matriz gelatinosa, en algunos casos flotando libremente: **Chroococcales.**	*3*	
—Células (excepto Spirulina, IA-12) en filamentos; ramificados o no, multiplicación por activos hormogonios filamentosos: **Hormogonales**	*9*	
3 —Células solitarias o en colonias de menos de 50 células:		
—Células esféricas	*Chroococcus*	
—Células cilíndricas	*Synechococcus, Chroothece*	
—Células fusiformes	*Dactylococcopsis*	
—Numerosas células en una matriz gelatinosa	*4*	
4 —Colonias y gelatina sin forma definida	*5*	
—Células en un orden definido	*6*	
5 —Células en cápsulas gelatinosas:		
—Células esféricas encerradas en masas informes de gelatina.	*Gloeocapsa*	
—Células alargadas o elípticas	*Gloeotheca*	
—Células esparcidas dentro de la matriz gelatinosa:		
—Células esféricas	*Aphanocapsa*	**IA**-13
—Células alargadas	*Aphanothece*	
6 —Colonias flotando libremente	*7*	
—Colonias adheridas, epífitas de algas	*Chamaesiphon*	
7 —Division celular en tres planos, por lo tanto colonias formando masas:		
—Células esféricas; colonias esféricas cuando son jóvenes, rotas y en forma de malla cuando viejas	*Polycystis (Mycrocystis)*	**IA**-8, 9
—Células en forma de cuña, colonias esféricas	*Gomphosphaeria*	
—División celular en dos planos, por lo tanto colonias con una sola capa de células.	*8*	
8 —Colonias en forma de esfera hueca sin formaciones radiantes.	*Coelosphaerium*	**IA**-10
—Colonias en forma de placa con células redondeadas.	*Merismopedia*	**IA**-6
9 —Filamentos no atenuados en forma de pelo en los extremos.	*10*	
—Filamentos visiblemente atenuados en uno o ambos extremos: RIVULARIACEAE. Cada filamento con un heterociste basal; los filamentos irradian en una masa gelatinosa.	*Rivularia, Gloeotrichia* (y otras)	**IA**-7

10 —Filamentos generalmente no ramificados. *11*
—Filamentos ramificados:
—Con verdaderas ramificaciones. STIGONEMACEAE
—Con falsas ramificaciones, con heterocistes. SCYTONEMATACEAE
11 —Todas las células de los filamentos del mismo tamaño, sin heterocistes: OSCILLATORIACEAE. *12*
—Filamentos con ciertas células de diferente color o mayor tamaño (heterocistes): NOSTOCACEAE. *16*
12 —Filamentos sin vaina. *13*
—Filamentos encerrados en una vaina gelatinosa. *14*
13 —Una única célula espiral. *Spirulina* **IA-12**
—Multicelular:
—Filamento en espiral *Arthrospira*
—Filamento no en espiral. *Oscillatoria* **IA-5**
14 —Un filamento dentro de una vaina. *15*
—Más de un filamento dentro de una gruesa vaina. *Schizothrix, Microcoleus*
15 —Vaina viscosa, filamentos a menudo encorvados, aglutinados. *Phormidium* **IA-1**
—Vaina sólida, no viscosa; filamentos no empaquetados. *Lynbya, Symploca*
16 —Filamentos enrollados en el interior de una vaina gelatinosa bien definida *Nostoc* **IA-11**
—Filamentos más o menos rectos, libres o en masas viscosas informes, sin vaina. *17*
17 —Heterocistes terminales; esporas largas y cilíndricas. *Cylindrospermum*
—Heterocistes no terminales:
—Filamentos unidos sin orden. *Anabaena* **IA-4**
—Filamentos en paquetes de masas en forma de placas. *Aphanizomen* **IA-3**
18 —Organismo verde, no verde-amarillento; si es rojizo entones es unicelular *19*
—Organismo amarillo-verdoso, rojo o pardo. *48*
19 —Organismo con verticilos de hojas: CHARACEAE. *Chara, Nitella*
—Organismo pequeño, sin espirales: CHLOROPHYCEAE. *20*
20 —Talo dilatado, membranoso. *Ulvales*
—Talo ni dilatado ni membranoso. *21*
21 —Talo no filamentoso, sin conjugación. *22*
—Talo filamentoso, aunque los filamentos pueden estar unidos en un plano; si es unicelular la conjugación existe. *39*

LÁMINA IA: CIANOFÍCEAS

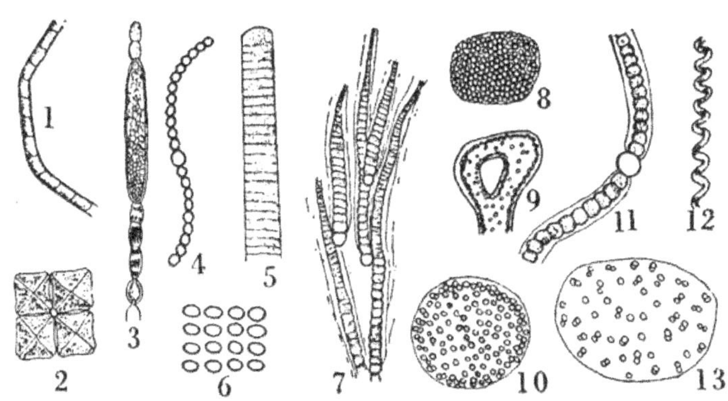

1. Phormidium
2. Tetrapedia
3. Aphanizomenon
4. Anabaena
5. Oscillatoria
6. Merismopedia
7. Rivularia
8, 9. Polycystis
10. Coelosphaerium
11. Nostoc
12. Spirulina
13. Aphanocapsa

Anabaena, 4
Aphanocapsa, 13
Aphanizomen, 3
Coelosphaerium, 10
Merismopedia, 6
Polycystis, 8, 9
Nostoc, 11
Oscillatoria, 5
Phormidium, 1
Rivularia, 7
Spirulina, 12
Tetrapedia, 2

22 —Unicelular o de un número definido de células móviles y flageladas. *23* **IIA, IIB**
—Células no flageladas ni móviles (ver figuras). *27*
23 —Compuesto por colonias de células con dos flagelos. *24*
—Compuesto por células aisladas con 2 o raramente 4 flagelos:
—Contenido celular pegado a la pared celular. *Chlamydomonas* **IIA**-3
—Contenido celular unido a la pared por fibras. *Haematococcus*
24 —Colonias esféricas o circulares. *25*
—Colonias planas, 4-16 o 32 células, ángulos redondeados, en fundas incoloras. *Gonium*
25 —Sin envoltura gelatinosa:
—Muchas células formando una esfera hueca. *Volvox* **IIA**-21
—8-16 células, dispuestas en cuatro hileras. *Spondylomorum*
—Con cubierta gelatinosa. *26*
26 —Colonias redondas o esféricas:
—16-32-64 células, globosas, no amontonadas. *Eudorina* **IIA**-7, 8
—4-8-16-32 células, globosas, amontonadas. *Pandorina* **IIA**-13
—Colonias de 8 células dispuestas en la zona ecuatorial, de una funda esférica o elipsoidal. *Stephanosphaera*
27 —Células formando placas o retículos: HYDRODICTYACEAE
—Células en una placa plana. *Pediastrum* **IB**-1, 2
—Células formando un retículo. *Hydrodictyon* **IB**-25
—Células ni en placas ni en retículas. *28*
28 —Unicelulares y solitarias; células con diferenciación de pie y ápice: CHARACIACEAE. *Characium* **IB**-5
—Células sin diferenciación de pie y ápice. *29*
29 —Unicelular y globular o constando de unos filamentos cortos y con pocas células; sólida pared celular. Frecuentemente en lugares húmedos. PLEUROCOCCACEAE. *Protococcus* **IB**-22, 23
—Nada de lo anterior. *30*
30 —Células esféricas y en número indefinido, embebidas en una abundante envuelta gelatinosa. PALMELLACEAE, TETRASPORACEAE **IB**-21
—Colonias libres o colonias sin envuelta gelatinosa; abundante formación de autoesporas. *31*
31 —Células alargadas, frecuentemente curvas; solitarias o en colonias lacias. *32*
—Células no alargadas. *34*
32 —Colonias envueltas en mucus. *Kirchneriella* **IB**-3
—Colonias sin o con poco mucus. *33*
33 —Células adelgazadas en agudas espinas:
—Células formando colonias definidas, en una sola hilera. *Scenedesmus*
—Células solitarias o agrupadas laxamente en irregulares paquetes. *Ankistrodesmus* **IB**-11, 12
—Células en forma de media luna, ordenadas espalda con espalda. *Selanastrum* **IB**-7
—Células subluniformes o elipsoidales, ordenadas en grupos formando colonias irregulares. *Dimorphococcus*
34 —Células variables, distribuidas regularmente en una lámina plana. *Crucigenia* **IB**-26
—Células no unidas en una lámina. *35*
35 —Células angulares con un número definido de ángulos; células solitarias. *Tetraedron*
—Células globosas o subglobosas. *36*
36 —Células estrictamente globosas, formando una colonia esférica:
—Esfera hueca. *Coelastrum* **IB**-8, 9
—Esfera maciza, células con gruesas espinas. *Sorastrum* **IB**-16
—Células no unidas en una colonia esférica. *37*
37 —Células con dos o más cerdas atenuadas. *Micractinium*
—Células sin cerdas. *38*
38 —Células generalmente retenidas dentro de la extensa pared de la célula madre. OÖCYSTACEAE
—Células en racimos, descubiertas, en una envuelta gelatinosa. *Botryococcus* **IB**-10
—Células interrelacionadas por flamantes conectivos subdicótomos bien marcados, cloroplastos parietales. *Dictyosphaerium* **IB**-4
39 —División celular por intercalación de nuevas células produciéndose estrías transversales. **Oedogoniales:**
—Células largas, filamentos no ramificados. *Oedogonium* **IB**-30
—Células cortas con cerdas colocadas lateralmente, filamentos ramificados. *Bulbochaete* **IB**-6

LÁMINA IB: ALGAS VERDES

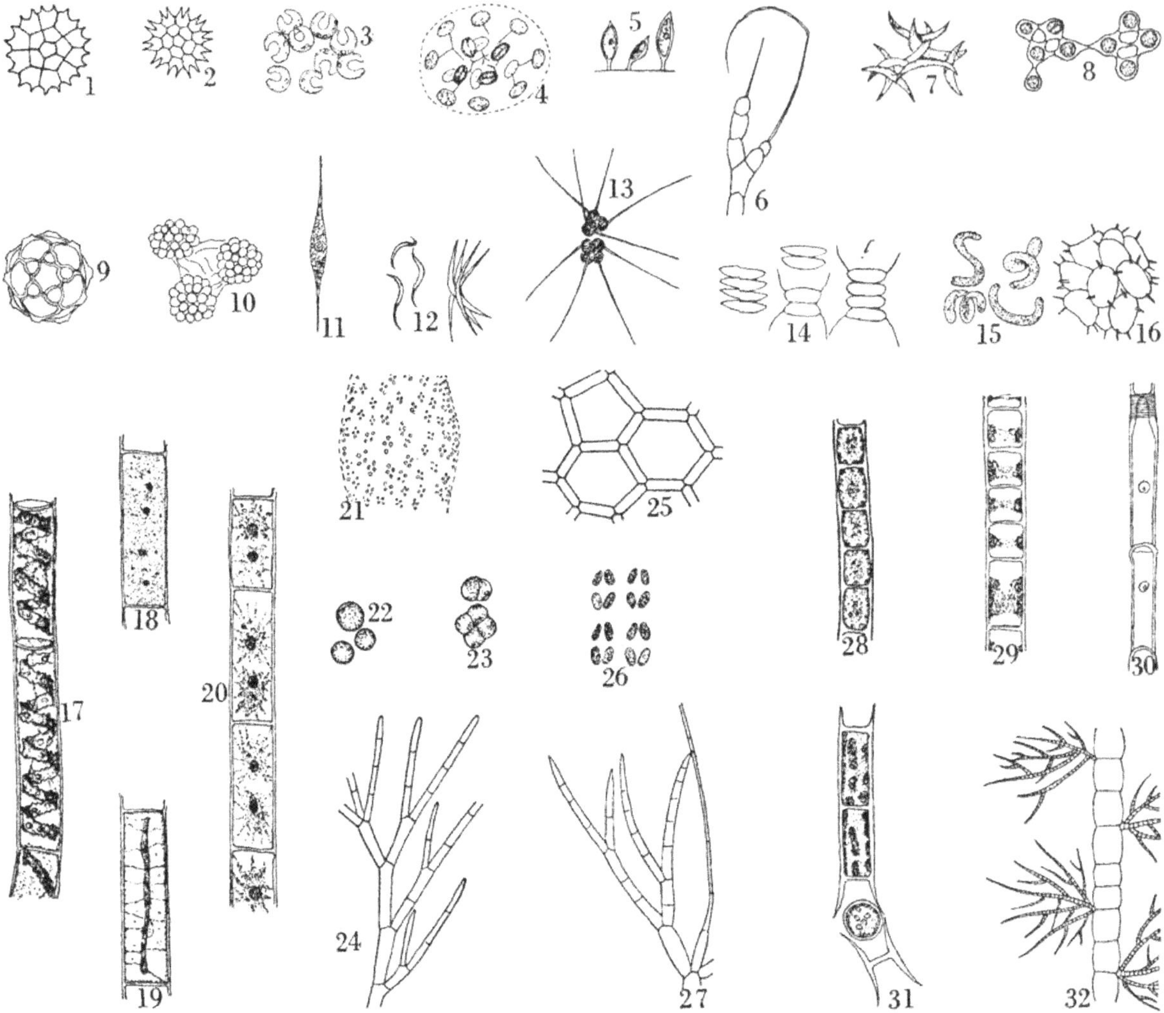

1, 2. Pediastrum
3. Kirchneriella
4. Dictyosphaerium
5. Characium
6. Bulbochaete
7. Selenastrum
8, 9. Coelastrum
10. Botryoccoccus
11, 12. Ankistrodesmus
13. Richterella
14. Scenedesmus
15. Ophiocytium
16. Sorastrum
17. Spirogyra
18, 19. Mougeotia
20. Zygnema
21. Tetraspora
22, 23. Protococcus
24. Cladophora
25. Hydrodictyon
26. Crucigenia
27. Chaetophora
28. Microspora
29. Ulothrix
30. Oedogonium
31. Tribonema
32. Draparnaldia

Ankistrodesmus, 11, 12
Botryoccoccus, 10
Bulbochaete, 6
Characium, 5
Chaetophora, 27
Cladophora, 24
Coelastrum, 8, 9
Crucigenia, 26
Dictyosphaerium, 4
Draparnaldia, 32
Hydrodictyon, 25
Kirchneriella, 3
Microspora, 28
Mougeotia, 18, 19
Oedogonium, 30
Ophiocytium, 15
Protococcus, 22, 23
Pediastrum, 1, 2
Richterella, 13
Scenedesmus, 14
Selenastrum, 7
Sorastrum, 16
Spirogyra, 17
Tribonema, 31
Ulothrix, 29
Zygnema, 20

	—División celular del tipo ordinario.	*40*	
40	—Filamentos atenuados y comúnmente terminados en una afilada aguja.	*41*	
	—Filamentos no acabados en una afilada aguja.	*46*	
41	—Planta de filamentos ramificados formando una expansión plena a modo de cojín.	*Chaetosphaeridium, Coleochaete*	
	— Planta enteramente filamentosa.	*42*	
42	—Filamentos ramificados.	*43*	
	—Filamentos no ramificados.	*45*	
43	—Planta menor de 1 cm de altura, sin sedas.	*Microthamnion*	
	—Planta alta, ramificaciones atenuadas, y con sedas.	*44*	
44	—Filamentos finos, mostrando pequeñas diferencias en caracteres del eje principal y ramificaciones; no en grupos en masas gelatinosas.	*Stigeoclonium*	
	—Filamentos en grupo, en una densa masa gelatinosa.	*Caetophora*	**IB**-27
	—Filamentos y ramificaciones principales grandes, sosteniendo grupos de ramificaciones pequeñas.	*Draparnaldia*	**IB**-32
45	—Células con gruesos revestimientos lamelosos, en serie dentro de una vaina lamelosa.	*Cylindrocapsa*	
	—Células sin cubierta lamelosa:		
	—Cromatóforo formando una banda homogénea, con uno o varios pirenoides.	*Ulothrix*	**IB**-29
	—Cromatóforo en disco o placa parietal, con un pirenoide.	*Stichococcus*	
	—Cromatóforo granular, cubriendo más o menos toda la pared celular, conteniendo almidón pero no pirenoides.	*Microspora*	**IB**-28
46	—Cloroplasto en un retículo parietal con pirenoides esparcidos o en forma de numerosos discos, algunos con pirenoides.	*Cladophora*	**IB**-24
	—Cloroplasto único o en pequeño número, grandes y de forma definida, con pirenoides. El contenido de dos células unidas forma un zigoto. **Zygnematales**	*47*	
47	—Talo en filamento no ramificado de células muy parecidas entre sí; reproducción sexual por formación de tubos de conjugación entre células de filamentos paralelos o células vecinas del mismo filamento.		
	—Cloroplastos en cintas espirales.	*Spirogyra*	**IB**-17
	—Cloroplastos en forma de dos cuerpos estrellados por cada célula.	*Zygnema*	**IB**-20
	—Cloroplasto en placa axial.	*Mougeotia*	**IB**-18, 19
	—Unicelular, raramente juntas en un filamento lacio e inestable.	DESMIDIACEAE (Desmidos, clave IC)	**IC**
48	—Organismos verde-amarillentos. **Xanthophyceae.**	*49*	
	—Organismos grisáceos o parduscos o coloreados en ámbar.	*50*	
49	—Plantas unicelulares o formando colonias dendroides.	*Ophiocytium*	**IB**-15
	—Plantas filamentosas, no ramificadas, pared celular fuerte, constituidas por piezas en forma de H.	*Tribonema*	**IB**-31
50	—Organismos unicelulares con dos valvas silíceas y dos bandas conectivas.	**Bacilliarophyceae** (Diatomeas, clave ID)	**ID**
	—Células sin elementos silíceos ni bivalvas.	**Chrysophyceae**	

(Una parte de este grupo se incluye por los zoólogos en la clase **Mastigophora** o **Flagellata** entre los Protozoos.)

CLAVE IC: DÉSMIDOS (NOMENCLATURA ZOOLÓGICA) (DESMIDIACEAE, NOMENCLATURA BOTÁNICA)

1	—Pared celular aparentemente no dividida en dos partes y sin poros.	*2*	
	—Pared celular mostrando dos segmentos y con una capa porosa externa diferenciada.	*4*	
2	—Células alargadas, cilíndricas y no constreñidas, formando filamentos lacios. Pared celular con una capa externa diferenciada, de la que forman parte pequeñas asperezas y espinas. Cloroplastos axiales.	*Gonatozygon*	**IC**-1
	—Células solitarias, relativamente cortas y generalmente no constreñidas.	*3*	
3	—Un cloroplasto en cada célula:		
	—Cloroplasto enroscado en espiral, axial o parietal.	*Spirotaenia*	**IC**-2

LÁMINA 1C: DESMIDOS

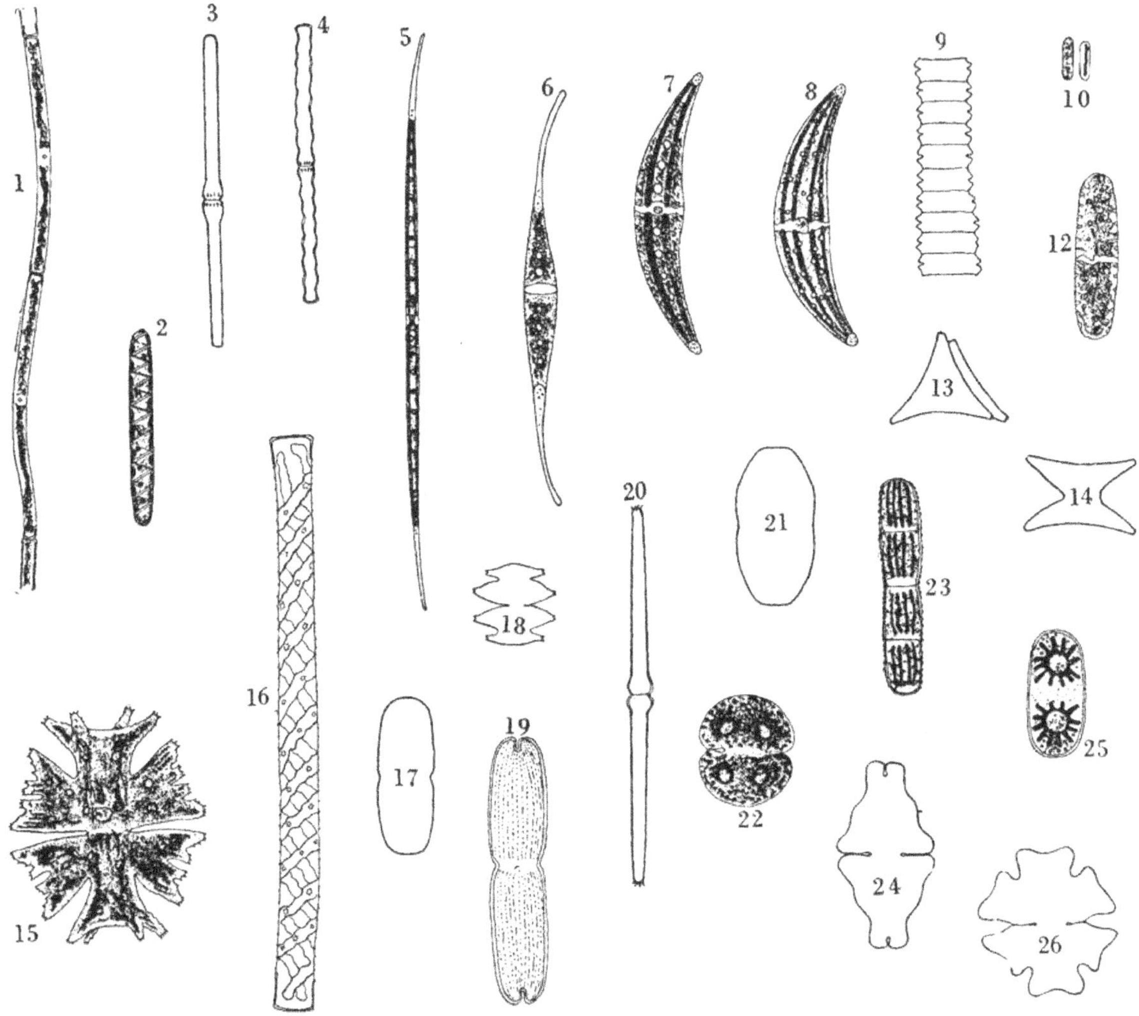

1. Gonatozygon
2. Spirotaenia
3, 4. Docidium
5, 6, 7, 8. Closterium
9. Desmidium
10. Mesotaenium
12. Netrium
13. Staurastrum (de frente)
14. Staurastrum (de lado)
15. Micrasterias
16. Genicularia
17. Penium
18. Micrasterias
19. Tetmemorus
20. Pleurotaenium
21, 22. Cosmarium
23. Penium
24. Euastrum
25. Cylindrocystis
26. Euastrum

Closterium, 5, 6, 7, 8
Cosmarium, 21, 22
Cylindrocystis, 25
Desmidium, 9
Docidium, 3, 4
Euastrum, 24, 26
Genicularia, 16
Gonatozygon, 1
Mesotaenium, 10
Micrasterias, 15, 18
Netrium, 12
Penium, 17, 23
Pleurotaenium, 20
Spirotaenia, 2
Staurastrum, 13, 14
Tetmemorus, 19

—Cloroplasto plano, axial, células solitarias. *Mesotaenium* **IC**-10
—Dos cloroplastos en cada célula:
—Cloroplastos en forma de estrella radiante a partir de un pirenoide central. *Cylindrocystis* **IC**-25
—Cloroplastos rizados con aristas dentadas longitudinales. *Netrium* **IC**-12
4 —Después de la división las células permanecen libres y solas. *5*
—Después de la división las células permanecen juntas formando colonias. *9*
5 —Células con o sin constricción:
—Células de longitud media, rectas y cilíndricas. *Penium* **IC**-17, 23
—Células fuertemente atenuadas hacia los extremos, dos cloroplastos en cada célula. *Closterium* **IC**-5-8
—Células más o menos constreñidas en su mitad. *6*
6 —Células alargadas y cilíndricas, con ligera constricción:
—Base de cada semisoma plegada. *Docidium* **IC**-3, 4
—Base de cada semisoma plana. *Pleurotaenium* **IC**-20
—Apices de las células hendidos, estrecha incisión apical. *Tetmemorus* **IC**-19
—Células relativamente cortas, profundamente constreñidas. *7*
7 —Células radiantes en visión vertical, triangulares, cuadrangulares o radiadas, raramenmente fusiformes. *Staurastrum* **IC**-13, 14
—Células comprimidas (en ángulo recto al plano de vista frontal), en vista vertical son fusiformes o elípticas. *8*
8 —Células lobuladas o dendroides:
—Células oblongas o elípticas, moderadamente lobuladas. *Euastrum* **IC**-24, 26
—Células mucho más comprimidas, profundamente lobuladas o dendroides. *Micrasterias* **IC**-15, 18
—Células con un borde más o menos entero, a menudo provisto de verrugas o espinas. *Cosmarium* **IC**-21, 22
—Con espinas, generalmente a pares. *Xanthidium*
—Espinas no por pares. *Arthrodesmus*
9 —Colonias esféricas, células unidas por franjas gelatinosas. *Cosmocladium*
—Franjas muy anchas, muchas células. *Oocardium*
—Colonias en forma lineal, conectadas por medio de procesos apicales para formar filamentos. *10*
10 —En la línea de división de la célula, donde las partes nuevas y viejas de la pared celular están encajadas, no se desarrolla una constricción durante la división. *11*
—La línea de división de la célula desarrolla una constricción durante la división:
—Células cortas, raramente circulares, con ángulos pronunciados. *Desmidium* **IC**-9
—Células alargadas, cilíndricas. *Gymnozyga*
11 —Células unidas por protuberancias apicales especiales:
—Apéndices apicales muy cortos. *Sphaerozosma*
—Protuberancias apicales largas y cubriendo los ápices de las células adyacentes. *Onychonema*
—Ápices de las células planas y plano:
—Células ligeramente constreñidas. *Hyalotheca*
—Células profundamente constreñidas. *Spondylosium*

CLAVE ID: DIATOMEAS (BACILLARIOPHYCEAE)

1 —Células de sección circular, menos comúnmente poligonal o elíptica y raramente irregulares; valvas ornamentadas concéntrica o radialmente por puntos, areolas, líneas o costillas; células a menudo con espinas, protuberancias o cuernos. *2*
Centrales *2*
—Células de sección elíptica estrecha a lineal; con menos frecuencia claramente elíptica, lunada, cuneiforme e irregular, valvas ornamentadas pinnada o transversalmente por puntos, areolas, líneas o costillas; células sin espinas.
2 —Células cortas, de forma de caja o discoidal, generalmente de sección circular, usualmente sin cuernos o proyecciones. *3*
—Células de formas distintas. *4*
3 —Células formando filamentos, con ángulo entallado. Valvas ornamentadas uniformemente. *Melosira* **ID**-1-4

LAMINA ID: DIATOMEAS (BACILLARIOPHYCEAE)

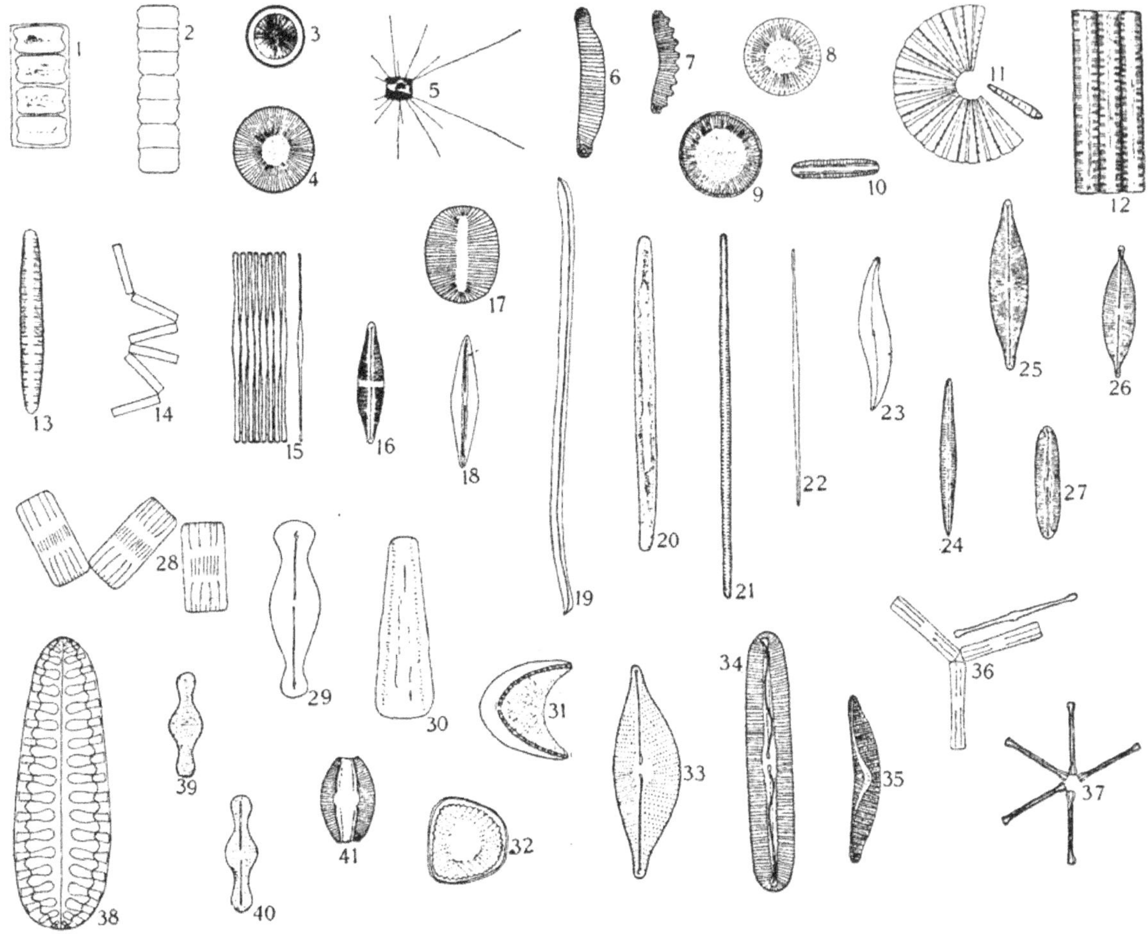

1–4. Melosira
5. Stephanodiscus
6, 7. Eunotia
8. Stephanodiscus
9, 10. Cyclotella
11. Meridion
12–14. Diatoma
15. Fragilaria
16. Stauroneis
17. Cocconeis
18. Frustulia
19, 20. Nitzschia
21, 22. Synedra
23. Gyrosigma
24–27. Navicula
28. Tabellaria
29, 30. Gomphonema
31, 32. Campylodiscus
33. Cymbella
34. Pinnularia
35. Epithemia
36. Tabellaria
37. Asterionella
38. Surirella
39, 40. Achnanthes
41. Amphora

Achnanthes, 39, 40
Amphora, 41
Asterionella, 37
Campylodiscus, 31, 32
Cocconeis, 17
Cyclotella, 9, 10
Cymbella, 33
Diatoma, 12–14
Epithemia, 35
Eunotia, 6, 7
Fragilaria, 15
Frustulia, 18
Gomphonema, 29, 30
Gyrosigma, 23
Melosira, 1–4
Meridion, 11
Navicula, 24–27
Nitzschia, 19, 20
Pinnularia, 34
Stauroneis, 16
Stephanodiscus, 5, 8
Surirella, 38
Synedra, 21, 22
Tabellaria, 28, 36

—Células aisladas, ángulo no entallado:
—Sin espinas. *Cyclotella* **ID**-9, 10
—Con un círculo de espinas. *Stephanodiscus* **ID**-5, 8
4 —Células de dos a muchas veces más largas que anchas, circulares, raramente de sección redonda o elíptica; ángulo con numerosas interzonas. *Rhizosolenia*
—Células en forma de caja, tan largas como anchas o más cortas, de sección elíptica; a veces luniforme. Valvas con cuernos, con setpos transversales y sin espinas. *Terpsinoe*
5 —Los ejes de las valvas (la línea entre las divergentes ornamentaciones pinnadas) bien manifiestos, con una estrecha ranura (pseudorafe), raramente sin dicha ranura (valva sin rafe). *6*
—Ejes con rafe presente. *11*
6 —Células usualmente un poco más cortas que anchas, o más largas, con numerosas interzonas, generalmente unidas en filamentos. *7*
—Células predominantemente mucho más cortas que anchas (en forma de varilla, el eje más largo de la varilla representa el eje transversal de la célula) a menudo unidas en filamentos. *8*
7 —Costillas transversales de las valvas, cuando existen, sin penetrar en la cavidad celular:
—Valvas con pocas costillas transversales prominentes. *Tetracyclus*
—Valvas sólo fina y transversalmente estriadas, pseudorrafe ausente. *Tabellaria* **ID**-28, 36
—Las costillas transversales de las valvas penetran profundamente en la célula. *Denticula*
8 —Células cuneiformes como corte de un árbol (es decir, valvas no paralelas); eje medio, interzonas presentes; valvas estriadas fina y transversalmente y con costillas transversales. *Meridion* **ID**-11
—Células rectangulares como corte de un árbol, o si cuniformes el eje no es medio, interzonas presentes o ausentes. *9*
9 —Eje medio sin nódulo central. *10*
—Eje cercano a un margen, extremos de las valvas semejantes:
—Pseudorrafe y nódulo central evidentes. *Ceratoneis*
—Pseudorrafe y nódulo central no evidentes. *Eunotia* **ID**-6, 7
10 —Valvas con costillas transversales. *Diatoma* **ID**-12-14
—Valvas sin costillas transversales:
—Células colocadas radialmene. *Asterionella* **ID**-37
—Células en filamentos o cadenas en Zig-Zag, valvas planas. *Fragilaria* **ID**-15
—Células solitarias o formando agrupaciones en abanico. *Synedra* **ID**-21, 22
11 —Eje con una ranura alargada (rafe) a lo largo de la pared celular. *12*
—Eje evidente como una cinta estrecha no ornamentada o en quilla; valva con dos quillas laterales aladas incluyendo cada una de ellas un rafe. *21*
12 —Ejes generalmente medios, a veces más o menos laterales, no quillados o si lo están, no punteados; con o sin interzonas. *13*
—Eje lateral, menos frecuentemente medio, punteado, rafe quillado no claramente visible; quilla en un solo borde.. *Nitzschia* **ID**-19, 20
13 —Valvas iguales. *14*
—Valvas desiguales. *19*
14 —Valvas sin quilla. *15*
—Valvas con quilla, la cual posee un rafe sigmoideo en posición media. *Amphiprora*
15 —Rafe casi recto. *16*
—Rafe fuertemente sigmoideo:
—Células no retorcidas. *Gyrosigma* **ID**-23
—Células retorcidas. *Scoliopleura*
16 —Rafe con un solo borde. *17*
—Rafe orlado por dos aristas:
—Nódulo central pequeño o ligeramente alargado. *Brebissonia*
—Nódulo central más alargado, en forma de costilla. *Amphipleura*
17 —Septos de las interzonas, cuando los hay, sin ventanas. *18*
—Septos de interzonas con ventanas:
—Ambas valvas con un rafe. *Mastogloia*
—Sólo una valva con rafe. *Cocconeis* **ID**-17
18 —Células rectas vistas en corte. *Stauroneis, Frustulia, Pinnularia, Navicula* **ID**-16, 18
—Células curvas, sólo una valva con rafe. *Achnanthes* **ID**-39, 40

19 —Valvas simétricas longitudinalmente:		
—Células rectas vistas en corte.	*Gomphonema*	**ID**-29, 30
—Células curvas vistas en corte.	*Rhoicosphenia*	
—Valvas asimétricas longitudinalmente	*20*	
20 —Valvas lisas sin costillas transversales.	*Cymbella*	**ID**-33
— Valvas convexas.	*Amphora*	**ID**-41
—Valvas con costillas transversales.	*Epithemia*	**ID**-35
21 —Superficie de la válvula transversalmente ondulada.	*Cymatopleura*	
—Valva cuneiforme, arriñonada, elíptica o lineal.	*Surirella*	**ID**-38
—Valvas subcirculares, en forma de silla.	*Campylodiscus*	**ID**-31, 32

BIBLIOGRAFÍA: ALGAS

American Public Health Association
1955 «Biologic examination of water, sewage sludge, or bottom materials». 6.ª Parte de *Standard methods for the examination of water, sewage and industrial wasters.* 10.ª ed., 522 pp.

Cox, C. R.
1952 *Water supply control.* N. Y. State Dept. Health. Bur. Environmental Sanitation. Bull. 22, 79 pp.

Davis, C. C.
1955 *The marine and freshwater plankton.* Mich. State Univ. Press, East Lansing, Mich., 562 pp.

Drouet, F.
1956 *A preliminary study of the algae of northwestern Minnesota.* Proc. Minn. Acad. Sci., 22, pp. 116-138.

Frost, H. S.
1954 *Handbook of algae with special reference to Tennessee and the southeastern United States.* Univ. Tenn. Press, Knoxville, Tenn., 467 pp.

Gainey, P. L. y T. H. Lord
1952 *Microbiology of water and sewage.* Prentice-Hall, Englewood Cliffs, N.J., 430 pp.

Palmer, C. Mervin
1959 *Algae in water Supplies.* U.S. Public Health Service Pub. n.° 657, 88 pp.

Prescott, G. W.
1951 *Algae of the Western Great Lakes area, exclusive of desmids and diatomes.* Cranbrook Inst. Sci., Bloomfield Hills, Mich., Bull. 31, 946 pp.

Smith, Gilbert M.
1933 *The fresh-water algae of the United States.* McGraw-Hill, N.Y., 716 pp.

Tiffany, L. H., y M. E. Britton
1952 *The algae of Illinois.* Univ. Chicago Press, Chicago, Ill., 407 pp.

Transeau, E. N.
1951 *The Zynemataceae (freshwater conjugate algae) with keys for identification of genera and species.* Ohio State Univ. Press, Columbus, Ohio, 327 pp.

West, G. S. y F. E. Fritsch
1927 *A treatise on the British freshwater algae.* University Press, Cambridge, England, 534 pp.

II

Protozoos

TABLA IIA. PROTOZOOS

Género	*Longitud en μ*	*Figs.*	*Características*
Acanthocystis	40-100	37.	Generalmente de color verdoso, varias especies.
Actinophrys	40-50	35.	Entre plantas acuáticas, frecuentemente verdosos, denominados «animáculos en forma de sol».
Actinosphaerium	200-300	36.	Entre la vegetación acuática.
Amoeba	600	27.	Tanto en aguas dulces como en saladas; suelos húmedos.
Arcella	30-100	30.	Muchas especies; en aguas estancadas, en el fondo de fangos y suelos húmedos.
Astasia	50-60	1.	En aguas estancadas; incoloro.
Bodo	10-15	24.	En aguas estancadas; a menudo enquistados.
Centropyxis	100-150	33.	Con proyecciones citoplasmáticas a modo de dedos; con granos de arena en el cuerpo.
Ceratium	100-700	2.	Numerosas especies; en aguas dulces y saladas; colores variados.
Chilomonas	20-40	4.	Incoloros; en aguas estancadas; en fangos y vegetación en putrefacción.
Chlamydomonas	10-30	3.	Común en lagos; verde.
Codosiga	15	22.	Sujetas mediante pedúnculos a plantas, desperdicios, etc.
Difflugia	200-230	31.	Granos de arena en el interior del cuerpo; muy extendida.
Dinobryon	30-44	5.	A menudo en colonias; unidas al fondo, cromatóforos de color amarillento.
Entosiphon	20	6.	Cuerpo oval, aplastado, incoloro.
Eudorina	40-150	7.	Colonias de 16-24 células; en charcas, lagos y fosos; color verde.
Eudorina	40-150	8.	Colonias; en fase de reproducción asexual.
Euglena	33-55	9.	Abundantes en aguas estancadas con crecimiento de algas. Pueden formar una espuma de color verde.
Euglypha	20-160	32.	Cuerpo cubierto por escamas silíceas.
Gonium	90	10.	Formando colonias en forma de disco, 4-16 células reunidas en un solo plano; color verde.
Hartmanella	20	26.	Es una ameba típica del suelo.
Mallomonas	50	11.	Cuerpo cubierto por escamas silíceas.
Mayorella	50-300	29.	Es una ameba con los pseudópodos característicos ahusados.
Monas	14-16	12.	Móvil, incoloro. Se encuentra entre los restos vegetales en putrefacción.

LÁMINA II A: PROTOZOOS

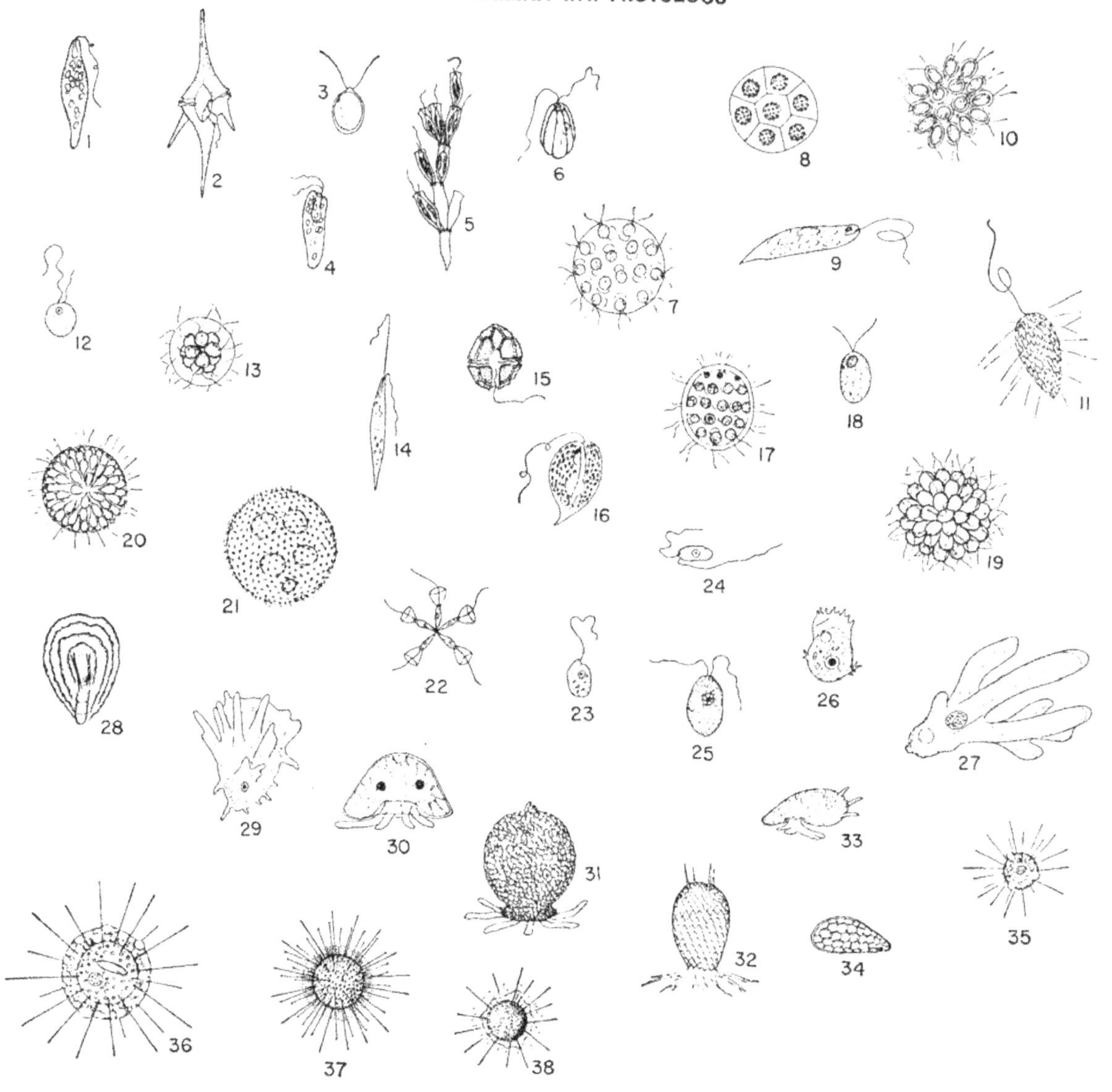

1. Astasia
2. Ceratium
3. Chlamydomonas
4. Chilomonas
5. Dinobryon
6. Entosiphon
7. Eudorina
8. Eudorina
9. Euglena
10. Gonium
11. Mallomonas
12. Monas
13. Pandorina
14. Paranema
15. Peridinium
16. Phacus
17. Pleodorina
18. Polytoma
19. Synura
20. Uroglena
21. Volvox
22. Codosiga
23. Oikomonas
24. Bodo
25. Naegleria
26. Hartmanella
27. Amoeba
28. Thecamoeba
29. Mayorella
30. Arcella
31. Difflugia
32. Euglypha
33. Centropyxis
34. Trinema
35. Actinophrys
36. Actinosphaerium
37. Acanthocystis
38. Vampyrella

Género	*Longitud en* μ	*Figs.*	*Características*
Naegleria	20	25.	Estadio flagelado del ciclo de vida de una ameba habitante del suelo.
Oikomonas	5-20	23.	Se encuentra en suelos y charcos de agua estancada; incolora.
Pandorina	20-50	13.	En colonias esféricas de 8-32 células formando masas gelatinosas; se encuentra en charcas y pozos; color verde.
Paranema	40-70	14.	En aguas estancadas; incolora.
Peridinium	44-48	15.	Muchas especies; cromatóforos pardos.
Phacus	40-170	16.	Cuerpo aplastado y frecuentemente con lomos o crestas; muchas especies; muy común; verde.
Pleodorina	450	17.	32, 64 ó 138 células por colonia. Las células somáticas y las reproductoras están separadas; color verde.
Polytoma	15-30	18.	Entre restos vegetales en putrefacción, en aguas estancadas; incolora.
Synura	100-400	19.	Colonias esféricas. Se dice que desprenden olor a pepinos; se encuentran en lagos; color ocre.
Thecamoeba	200	28.	Ameba cubierta por una película rígida.
Trinema	30-100	34.	Entre vegetación acuática.
Uroglena	40-400	20.	En colonias ovoides o esféricas; las células permanecen unidas por apéndices gelatinosos.
Vampyrella	30-40	38.	Frecuentemente poseen color naranja brillante; depredadores, entre algas filamentosas.
Volvox	350-500	21.	Colonias de muchas células formando una esfera hueca; color verde.

TABLA IIB. PROTOZOOS

Género	*Longitud en* μ	*Figs.*	*Características*
Blepharisma	80-200	13.	Generalmente de color rosáceo; en vegetación descompuesta.
Carchesium	100-125	29.	Muchas especies; forman colonias pedunculadas en las que cada individuo se contrae independientemente; algunas veces unidas a plantas y animales.
Chilodonella	50-150	7.	Muchas especies; común en la superficie de la espuma en charcas estancadas.
Codonella	60-70	21.	Cuerpo en forma de jarro, claramente dividido en cuello y copa; cuello sin estructura en espiral.
Coleps	50-110	4.	Muchas especies; con placas recubriendo el cuerpo.
Colpoda	40-110	9.	En charcas de agua estancada, entre vegetales en descomposición.
Cothurnia	70-100	23.	A menudo en branquias de cangrejos. Unidos al sustrato por cortos pedúnculos.
Dictyostelium	variable	2.	Un moho unicelular del limo; las células del plasmodio, visibles, se desarrollan en un esporangio único.
Didinium	80-200	8.	Depredador de *Paramecium.*
Dileptus	250-500	6.	Muchas especies; el cuerpo se prolonga formando un cuello.
Epistylis	50-250	24.	Colonia formada por muchos individuos unidos por un pedúnculo múltiple, no contráctil; la misma especie se encuentra en cangrejos y tortugas.

LÁMINA IIB: PROTOZOOS

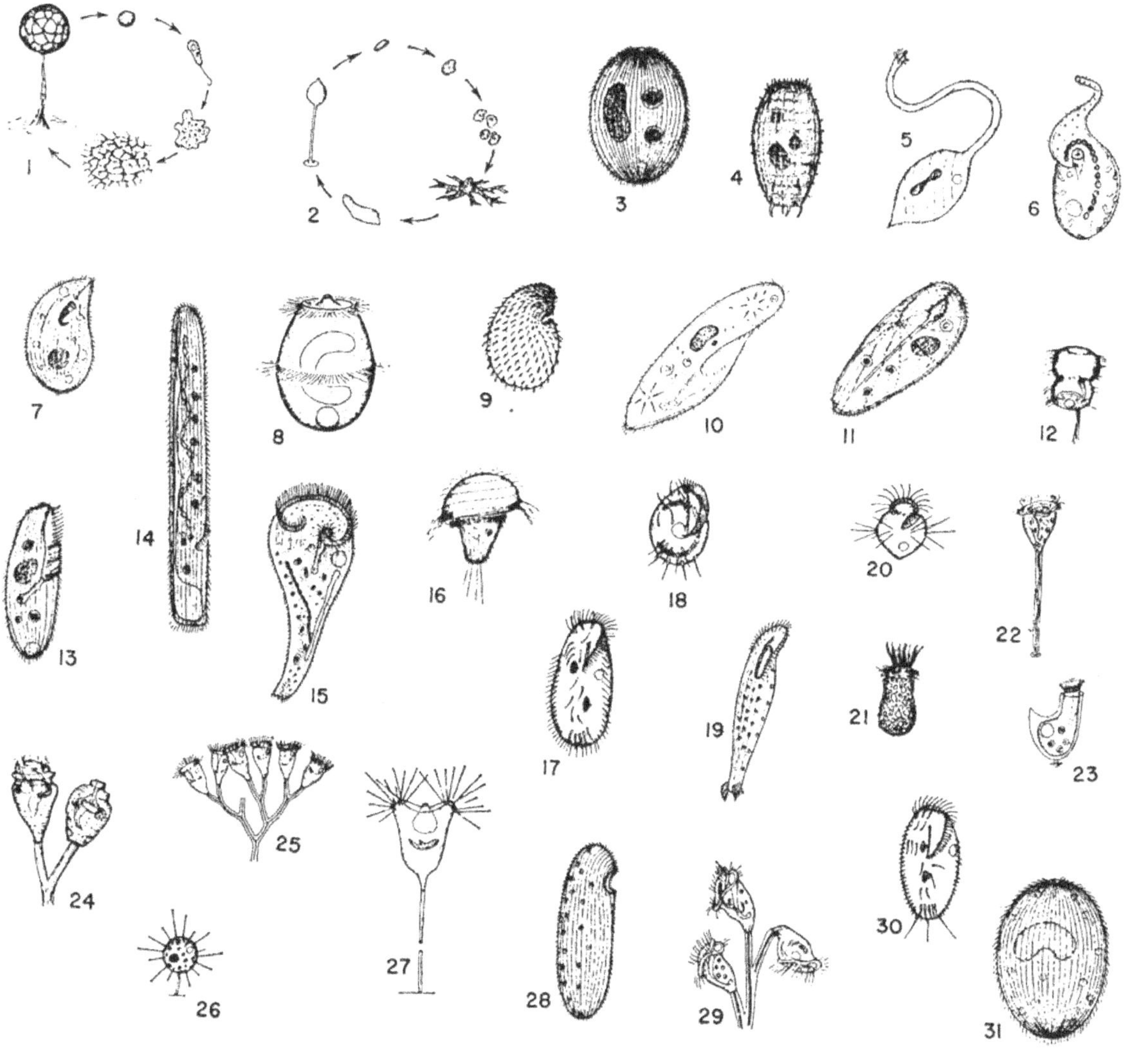

1. Physarum
2. Dictyostelium
3. Prorodon
4. Coleps
5. Lacrymaria
6. Dileptus
7. Chilodonella
8. Didinium
9. Colpoda
10. Paramecium
11. Frontonia
12. Urocentrum
13. Blepharisma
14. Spirostomum
15. Stentor
16. Metopus
17. Oxytricha
18. Euplotes
19. Urostyla
20. Halteria
21. Codonella
22. Vorticella
23. Cothurnia
24. Epistylis
25. Zoothamnium
26. Podophrya
27. Tokophrya
28. Loxodes
29. Carchesium
30. Stylonychia
31. Ichthyophthirius

Euplotes	90	18.	Presenta grupos aislados de cilios (cirros).
Frontonia	150-600	11.	Entre algas filamentosas.
Halteria	25-50	20.	Ejecutan movimientos bruscos. Común en aguas estancadas.
Ichthyophthirius	100-1000	31.	Es el causante de dos enfermedades en los peces de acuarios y viveros.
Lacrymaria	500-1200	5.	Extremo anterior extensible y muy flexible.
Loxodes	700	28.	Aspecto muy comprimido; color marrón.
Metopus	90-140	16.	Entre la vegetación que se encuentra en estado de descomposición.
Oxytricha	50-250	17.	Con hileras de cilios en los extremos del cuerpo.
Paramecium	100-350	10.	Muchas especies; muy común.
Physarum	variable	1.	Un verdadero moho del limo; células ameboides que se fusionan para formar un plasmodio multinucleado, seguido de esporangios pedunculados.
Podophrya	10-100	26.	Con tentáculos succionantes, pedunculados; próximo a *Tokophrya*.
Prorodon	30-130	3.	Es un típico ciliado primitivo.
Spirostomum	1000-3000	14.	Uno de los mayores protozoos; extremadamente contráctil.
Stentor	1000-2000	15.	Fijo o nadando libremente; forma parecida a una trompeta.
Stylonychia	100-300	30.	Muchas especies.
Tokophrya	50-175	27.	Cuando joven, ciliado y nada libremente; de adulto es pedunculado, no ciliado y posee tentáculos succionantes.
Urocentrum	50-80	12.	Entre la vegetación de estanques.
Urostyla	200-600	19.	Muchas especies; numerosas hileras de cilios.
Vorticella	135-150	22.	Se une al sustrato por pedúnculo contráctil; en su ciclo de vida posee un estado de forma nadadora.
Zoothamnium	250	25.	Colonia formada por muchos individuos unidos por un pedúnculo común; el conjunto se contrae; colonias de varios milímetros de altura.

BIBLIOGRAFÍA: PROTOZOOS

Hall, R. P.
1953 *Protozoology*. Prentice-Hall, Inc., New York, N. Y., 682 pp.
Jahn, Theodore L. y Frances F. Jahn
1949 *How to know the protozoa*. Wm. C. Brown Co., Dubuque, Iowa, 234 pp.
Kudo, Richard R.
1954 *Protozoology*. 4.ª ed. C. C. Thomas, Springfield, Ill., 966 pp.

TIPO PROTOZOOS

- *Subtipo:* Plasmodromos
  - *Clase:* Flagelados (Mastigoforos)
    - *Subclase:* Fitomasginos
      - Orden. Fitomonadinos (II.A, figs. 3, 7, 8, 10, 13, 17, 18, 21).
      - Orden. Poliblefarinos.
      - Orden. Euglenomonadinos (II.A, figs. 1, 6, 9, 14, 16).
      - Orden. Pirromonadinos (II.A, figs. 2, 4, 15).
      - Orden. Crisomonadinos (II.A, figs. 5, 11, 19, 20).
    - *Subclase:* Zoomastiginos
      - Orden. Protomonadinos (II.A, figs. 12, 22, 23, 24).
      - Orden. Polimastiginos.
      - Orden. Hipermastiginos.
      - Orden. Opalinidos.
      - Orden. Craspedomonadinos (Coanoflagelados).
  - *Clase:* Rizópodos
    - Orden: Ameboideos
      - Suborden: Gimnameboideos (II.A, figs. 25, 26, 27, 29).
      - Suborden: Tecameboideos (II.A, figs. 28, 30, 31, 32, 33, 34).
    - Orden. Foraminíferos.
    - Orden. Heliozoos (II.A, figs. 35, 36, 37, 38).
    - Orden. Radiolarios.
    - Orden. Acantarios.
  - *Clase:* Micetozoos
    - Orden. Mixomonadinos.
    - Orden. Euplasmodiados (II.B, fig. 1).
    - Orden. Pseudoplasmodiados (II.B, fig. 2).
  - *Clase:* Esporozoos
    - *Subclase:* Telosporidios
      - Orden. Gregorinomorfos.
      - Orden. Coccidiomorfos.
      - Orden. Sarcosporidios.
    - *Subclase:* Cnidosporidios
      - Orden. Mixosporidios.
      - Orden. Microsporidios.
      - Orden. Actinosporidios.
      - ....
      - Orden. Haplosporidios.
- *Subtipo:* Cilioforos
  - *Clase:* Ciliados
    - *Subclase:* Aspirostomados
      - Orden. Prostomados.
      - Orden. Astomados.
      - Orden. Pleurostomados
        - Suborden. Holotricos (II.B, figs. 3, 4, 5, 6, 7, 8, 9, 10, 11, 12, 28, 31)
        - Suborden. Hipotricos (II.B, figs. 17, 18, 19, 30).
    - *Subclase:* Espirostomados
      - Orden. Heterotricos (II.B, figs. 13, 14, 15, 16).
      - Orden. Oligotricos (II.B, figs. 20, 21).
      - Orden. Peritricos (II.B, figs. 22, 23, 24, 25, 29).
  - *Clase:* Suctores (II.B, figs. 26, 27).

III

Miscelánea de invertebrados

LÁMINA III: MISCELÁNEA DE INVERTEBRADOS

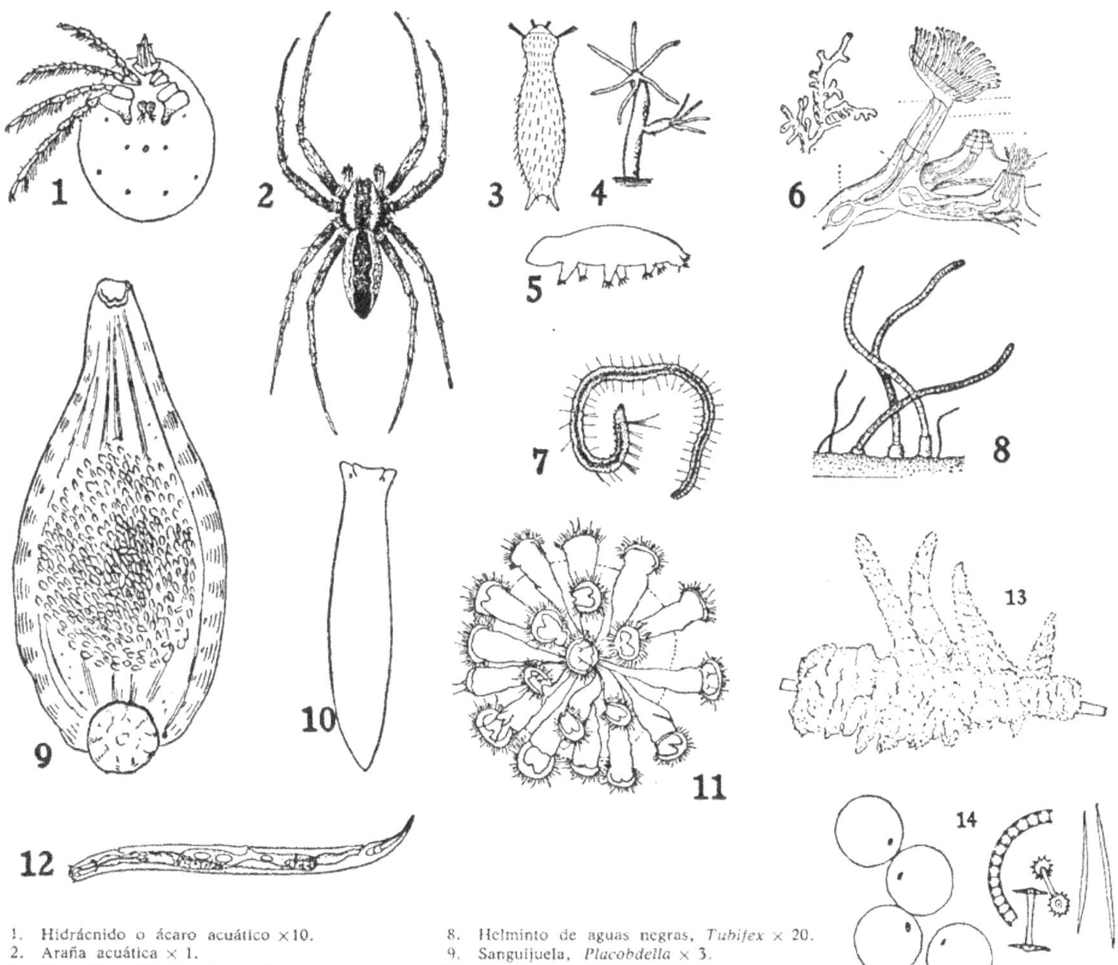

1. Hidrácnido o ácaro acuático ×10.
2. Araña acuática × 1.
3. Gastrótico, *Chaetonotus* × 10.
4. Celentereo, *Hydra* × 10.
5. Tardígrado, *Macrobiotus* × 20.
6. Briozoo, *Plumatella* × 3 y × 30.
7. *Nais* × 20.
8. Helminto de aguas negras, *Tubifex* × 20.
9. Sanguijuela, *Placobdella* × 3.
10. Platelminto, *Planaria* × 5.
11. Rotífero colonial, *Conochilus* × 10.
12. Nematodo × 10.
13. Esponja dulceacuícola × ½.
14. Gémulas y espículas de la misma.

IV

Rotíferos (Rotatoria)

CLAVE IV: ROTÍFEROS

1 —Cabeza y pie telescópicos, retráctiles, cuerpo anillado, movimiento como el de las sanguijuelas, palpos laterales defectuosos.	*2*	
—Cabeza y pie no telescópicos, retráctiles, sin movimientos de sanguijuela, generalmente con palpos laterales definidos.	*3*	
2 —Corona con dos lóbulos circulares retráctiles:		
—Ojo en el cuello.	*Philodina* ▲	IV-1
—Ojo en la probóscide.	*Rotaria* ▲	IV-2, 3
—Sin ojos.	*Macrotrachela, Habrotrocha* ▲	
—Corona lisa, ciliada, como disco ventral.	*Adineta*	IV-4
3 —Los animales adultos están fijos o formando colonias; cuando se encuentran aislados generalmente están en tubos.	*4*	
—Animales adultos libres; raramente en vainas tubulares.	*8*	
4 —Corona con sedas largas o con cilios o con ambos.	*5*	
—Corona sin sedas:		
—Cuerpo alargado.	*Acyclus*	
—Cuerpo corto.	*Cupelopagis*	IV-7
5 —Corona con sedas largas y delgadas:		
—Sedas dispersas por los lóbulos de la corona.	*Collotheca* ▲	IV-5
—Sedas en espirales o hileras.	*Stephanoceros*	IV-6
—Corona con cilios móviles, fuertes y visibles.	*6*	
6 —Coloniales, frecuentemente formando racimos esféricos:		
—Racimos fijos.	*Lacinularia, Sinantherina*	
—Racimos o colonias que nadan libremente.	*Conochilus* ▲	IV-9
—No fijos, en vainas tubulares	*Conochilus*	IV-9
—Fijos, separados o en colonias ramificadas de uno a 30 individuos.	*7*	
7 —Corona de tres o cuatro lóbulos.	*Floscularia* ▲	IV-8
—Corona con dos lóbulos como máximo:		
—Con antena dorsal.	*Limnias*	
—Sin antena dorsal.	*Ptygura*	
8 —Presentan apéndices para el salto:		
—Tres apéndices filiformes.	*Filina* ▲	IV-16
—Seis apéndices a modo de brazo.	*Hexartha*	IV-41
—Doce apéndices filiformes o laminares.	*Polyartha* ▲	IV-18
—Sin apéndices para el salto.		
9 —Sin pie.	*10*	
—Con pie.	*12*	
10 —Poseen una gruesa loriga.	*11*	
Cutícula delicada, cuerpo alargado en forma de saco, ano ausente.	*Asplanchna* ▲	IV-13

▲ Especies que se encuentran en la Península Ibérica.

LÁMINA IV: ROTÍFEROS

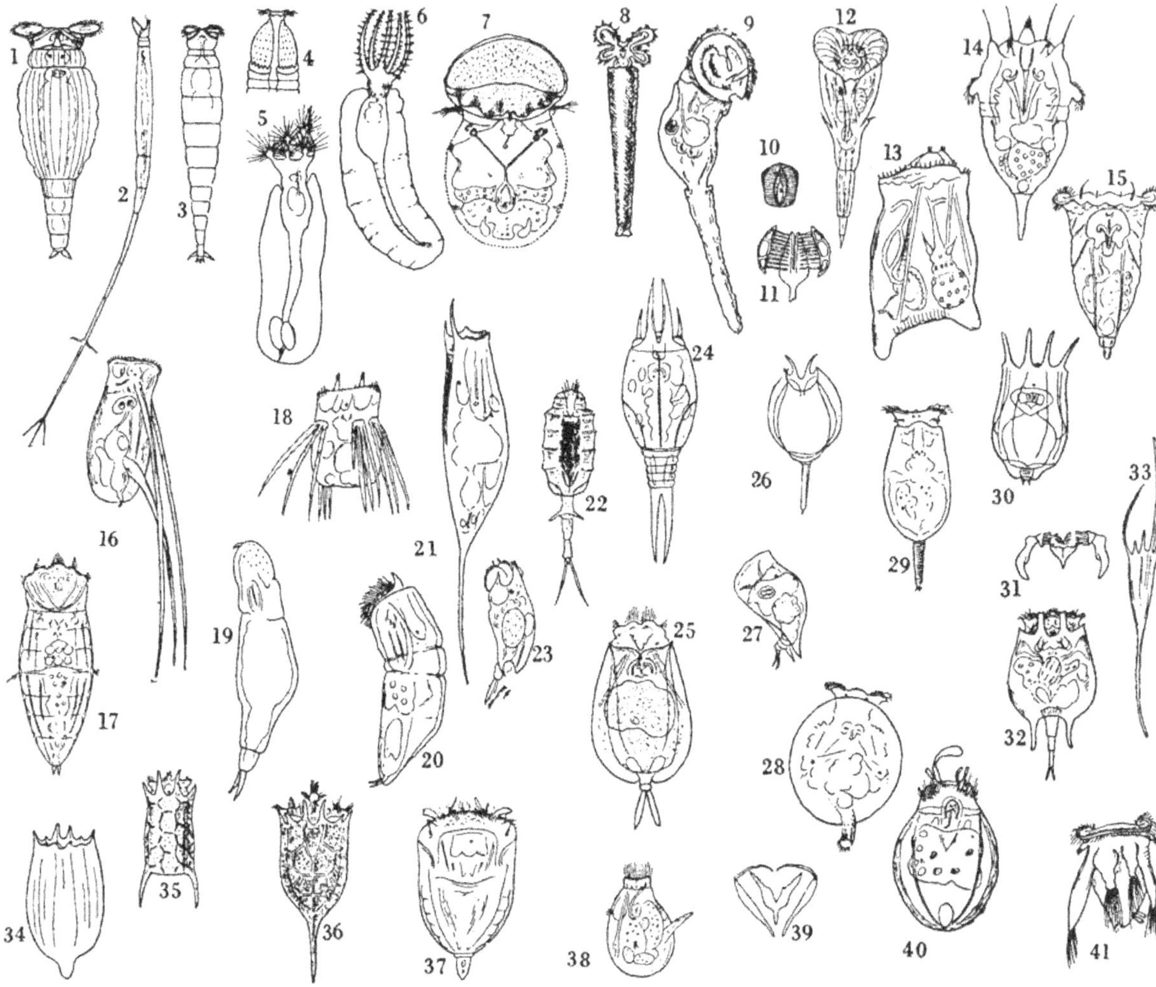

1. Philodina
2, 3. Rotaria
4. Adineta
5. Collotheca
6. Stephanoceros
7. Cupelopagis
8. Floscularia
9. Conochilus
10. Ramate, mastax
11. Malleo-ramate mastax
12. Microcodon
13. Asplanchna
14, 15. Synchaeta
16. Filina
17. Epiphanes
18. Polyarthra
19. Dicranophorus
20, 21. Trichocerca
22. Trichotria
23, 24. Mytilina
25. Euchlanis
26. Lecane
27. Colurella
28, 29. Testudinella
30. Brachionus
31. Malleate, mastax
32. Platyias
33. Kellicottia
34. Notholca
35, 36. Keratella
37. Ploesoma
38. Gastropus
39. Forcipate, mastax
40. Chromogaster
41. Hexarthra

Adineta, 4
Asplanchna, 13
Brachionus, 30
Chromogaster, 40
Collotheca, 5
Colurella, 27
Conochilus, 9
Cupelopagis, 7
Dicranophorus, 19
Ephiphanes, 17
Euchlanis, 25
Filina, 16
Floscularia, 8
Gastropus, 38
Hexarthra, 41
Mastax, ramate, 10
  Malleo-ramate, 11
  Malleate, 31
  Forcipate, 39
Kellicottia, 33
Keratella, 35, 36
Lecane, 26
Microcodon, 12
Mytilina, 23, 24
Notholca, 34
Philodina, 1
Platyias, 32
Ploesoma, 37
Polyarthra, 18
Rotaria, 2, 3
Stephanoceros, 6
Synchaeta, 14, 15
Testudinella, 28, 29
Trichocerca, 20, 21
Trichotria, 22

11 —Sin ano:
—Loriga oval, comprimida dorsoventralmente. *Chromogaster* ▲ **IV**-40
—Loriga en forma de saco, no comprimida. *Ascomorpha* ▲
—Con ano; sin espinas, membrana ventral hendida. *Anuraeopsis* ▲
—Loriga estriada longitudinalmente. *Notholca* ▲ **IV**-34
—Con seis espinas en posición anterior, loriga dorsal dividida en placas. *Keratella* ▲ **IV**-35, 36
—La espina caudal y tres de las seis anteriores, muy largas. *Kellicottia* ▲ **IV**-33
12 —Loriga rígida y generalmente espinosa (pequeña distorsión al matarlas con formol). *13*
—Loriga flexible (gran distorsión al matarlas con formol). *16*
13 —Loriga más o menos comprimida dorsoventralmente. *14*
—Loriga esférica, cuadrada, tubular o comprimida lateralmente. *15*
14 —Pie con segmentos unidos:
—Cuerpo grande, un ojo, dos dedos laminares. *Euchlanis* ▲ **IV**-25
—Cuerpo pequeño, dos dedos en forma de daga, dos ojos laterales. *Lepadella* ▲
—Cuerpo mediano o pequeño, uno o dos dedos, un ojo medio. *Lecane* ▲ **IV**-26
—Pie con surcos transversales:
—Generalmente con seis espinas anteriores. *Brachionus* ▲ **IV**-30
—Dos o diez espinas anteriores. *Platyias* ▲ **IV**-32
—Sin espinas, cuerpo muy comprimido dorsoventralmente. *Testidinella* ▲ **IV**-28, 29
15 —Dos dedos pequeños:
—Con un casquete claro cubriendo la cabeza, loriga abultada y redondeada. *Squatinella*
—Con un casquete claro cubriendo la cabeza, loriga comprimida lateralmente. *Colurella* ▲ **IV**-27
—Loriga con una o varias hileras de espinas. *Macrochaetus* ▲
—Loriga comprimida lateralmente, sin casquete en la cabeza. *Ploesoma* ▲ **IV**-37
—Sin casquete, loriga no comprimida, pie en posición medio ventral. *Gastropus* ▲ **IV**-38
—Uno o dos dedos grandes:
—Dedos filiformes algunas veces de tamaño desigual. *Trichocerca* ▲ **IV**-20, 21
—Cuerpo cilíndrico, pie y dedos más largos que el cuerpo. *Scaridium*
—Loriga rectangular, hendida ventralmente. *Mytilina* ▲ **IV**-23, 24
—Loriga densa adaptada al cuerpo y envolviéndolo por completo. *Trichotria* ▲ **IV**-22
16 —Cuerpo en forma de saco, abultado, triangular o cónico. *17*
—Cuerpo tubular:
—Dos dedos largos filiformes. *Monomatta* ▲
—Cuerpo con pliegues vermiformes. *Taphrocampa*
—Con aurículas prominentes. *Notommata* ▲
—Placa dorsal dividida por la mitad. *Cephallodella* ▲
—Un ojo, dedos laminares cortos, regiones en forma de aurícula. *Proales* ▲
—Dos ojos, proboscis prominente. *Dicranophorus* ▲ **IV**-19
17 —Cuerpo voluminoso, abultado o cónico:
—Con aurículas prominentes y cuatro estiletes rígidos delanteros. *Synchaeta* ▲ **IV**-14, 15
—Con regiones auriculares, loriga dura con proyecciones en forma de cola. *Eosphora* ▲
—Con penachos de sedas (3-5) alineados a lo largo de la región bucal. *Epiphanes* ▲ **IV**-17
—Con cilios orlando la región bucal y proboscis prominente donde se encuentran dos ojos. *Rhinoglena*
—Un ojo, cuerpo cónico adelgazándose progresivamente hasta los dedos y curvado en S. *Cyrtonia*
—Cutícula delicada, pie muy pequeño. *Asplanchnopus*
—Un solo dedo, corona en forma de corazón con un órgano unido en forma de rotativa. *Microcodon* **IV**-12
—Cutícula clara, estómago con seis lóbulos, dedos delgados. *Enteroplea*
—Corona circular, dos dedos en forma de púa colocados uno detrás del otro dorsoventralmente. *Micrododides*

Nota Rotíferos:

Hasta el presente, se han hallado en España los géneros con ▲, además de *Pleuretra* y *Dissotrocha*, en el grupo 2, y *Wolga* y *Lophocharis*, en el grupo 3.

BIBLIOGRAFÍA: ROTÍFEROS

Borntraeger, Gebrüder
1957 *Rotatoria die Rädertiere Mitteleuropas.* Nickolassee, Berlín, Alemania, vol. 1, 508 pp.; vol. 2, 115 pp.

Gallagher, John J.
1957 «Generic classification of the rotifera». *Proc. Penna. Acad. Sci.*, volumen 31, pp. 182-187.

Harring, Harry K.
1913 «Synopsis of the Rotatoria». *Bull.* 81, U.S. Nat. Mus., 226 pp.

V

Moluscos (Mollusca)

CLAVE V: MOLUSCOS

1	—Concha univalva - caracol.	*2*	
	—Concha bivalva - almeja.	*11*	
2	—Sin opérculo.	*3*	
	—Con opérculo.	*5*	
3	—Concha plana espiralizada, es decir, de espirales en un mismo plano:		
	—Concha pequeña de 6 mm como máximo.	*Gyraulus*	V-2
	—Concha grande, caracol «cuerno de macho cabrío».	*Helisoma*	
	—Concha pateliforme, pequeña, deprimida.	*Ancylus*	V-5
	—Concha con una larga espiral.	*4*	
4	—Concha con espira levógira.	*Physa*	V-3
	—Concha con espira dextrógira.	*Lymnaea*	V-1
5	—Concha grande, espira prolongada, puntiaguda; la obertura es un tercio de su longitud: PLEUOCERIDAE.	*6*	
	—Concha grande, espira ni puntiaguda ni prolongada, globosa, corta, obtusa, obertura y espira casi iguales a su longitud: VIVIPARIDAE.	*7*	
	—Concha pequeña, longitud y anchura menores de 11 y 6,5 mm respectivamente, forma variable.	*8*	
6	—Concha cónica; obertura subromboidal, prolongándose en un canal corto.	*Pleurocera*	V-4
	—Concha delgada, cónica u ovalada, espirales redondeadas, obertura redondeada de frente, sin prolongarse en un canal corto.	*Goniobasis*	V-6
7	—Concha bastante fina, globosa, espirales convexas; animal con pie, sin proboscide evaginable.	*Viviparus*	V-7
	—Concha gruesa y sólida, espirales más alargadas y claramente convexas, pie grande, emiten proboscides evaginables.	*Campeloma*	V-8
8	—Concha plana, discoidal; opérculo redondo, multiespiral; obertura redonda: VALVATIDAE (1 género).	*Valvata*	V-9
	—Concha globosa o alargada, longitud menor de 10 mm, espira corta: AMNICOLIDAE.	9	
9	—Obertura oval, longitud sobre 7,5 mm.	*Bythinia*	V-10
	—Longitud menor de 7,5 mm.	*10*	
10	—Concha lisa, borde externo de la obertura estrecho.	*Amnicola*	V-11
	—Concha más delgada y alargada; borde externo de la obertura engrosado.	*Hydrobia*	V-12
11	—Ancho, longitud mayor de 20 mm.	*14*	
	—Conchas pequeñas; menores de 20 mm: SPHAERIIDAE.	*12*	
12	—Umbos centrales, concha equilátera.	*13*	
	—Umbos subterminales, concha no equilátera.	*Pisidium*	V-13
12'	—Género europeo con gran número de especies	*Planorbis* ▲	V-12'
13	—Concha fina, lisa, redondeada; umbos completamente prominentes.	*Musculium*	V-14
	—Concha gruesa, estríada, umbos no prominentes.	*Sphaerium*	V-15
14	—Concha alargada, comprimida lateralmente, redondeada al frente, casi sin arista posterior. La escultura del espolón consiste en unas pocas crestas paralelas que siguen a las líneas de crecimiento.	*Margaritifera* *	V-16
	—Concha gruesa, oval a alargada; superficie lisa o arrugada.	*Unio* *	V-17
	—Concha delgada, escultura del espolón consistente en varias crestas paralelas más o menos doblemente rizadas, a menudo con ligeros nódulos en los rizos.	*Anodonta* *	V-18

* Éstos estaban anteriormente incluidos en la familia *Unionidae*, pero ha sido subdividida en otras muchas familias y subfamilias. Aquí figuran las formas más corrientes.

LÁMINA V: MOLUSCOS

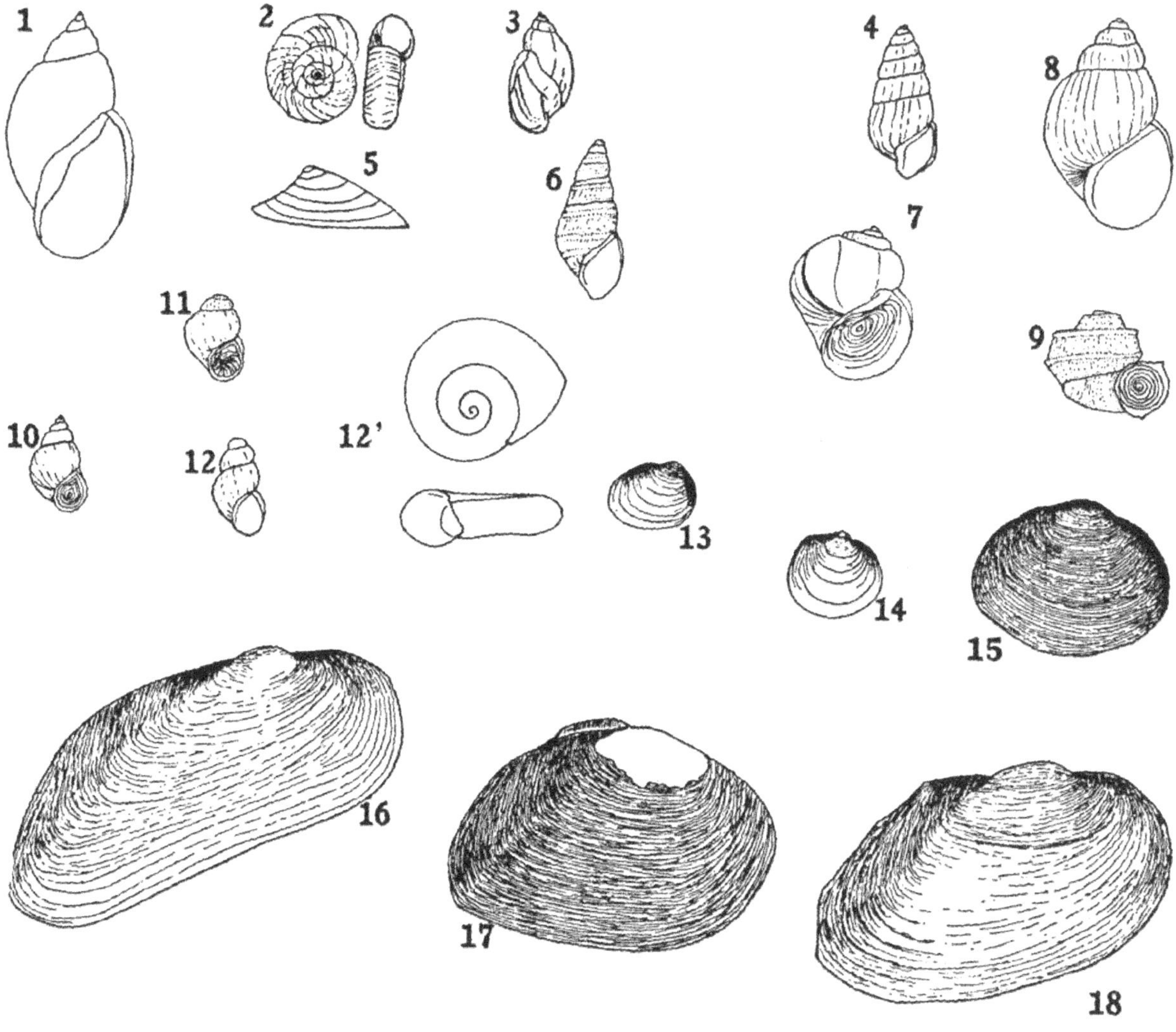

Figs.	*Género*	*Long.*	*Dist.*	*Aguas*
11.	Amnicola	4	G	ambas
5.	Ancylus	5	E	ambas
18.	Anodonta	90	G	ambas
10.	Bythinia	10	NE	ambas
8.	Campeloma	25	N, S, E	ambas
6.	Goniobasis	22	G	ambas
1.	Lymnaea	10–50	G	ambas
16.	Margaritifera	30	G	ambas
14.	Musculium	9	G	ambas

Figs.	*Género*	*Long.*	*Dist.*	*Aguas*
12.	Hydrobia	4	G	ambas
3.	Physa	16	G	ambas
13.	Pisidium	8	G	ambas
2.	Gyraulus	3–6	G	ambas
4.	Pleurocera	30	E, S, W	ambas
15.	Sphaerium	14	G	ambas
17.	Unio	100	E, S, C	ambas
9.	Valvata	5	G	ambas
7.	Viviparus	28	E, S	ambas
12'	Planorbis	2-3-5		ambas

VI

Crustáceos (Crustácea)

CUADRO VI A: CLASIFICACIÓN DE LOS CRUSTÁCEOS DE AGUA DULCE

Clase: Crustácea
  Subclase Branchiopoda
    División Eubranchiopoda
      Orden Anostraca
      Orden Notostraca
      Orden Conchostraca
    División Oligobranchiopoda
      Orden Cladocera
  Subclase Ostracoda
      Orden Podocopa
  Subclase Copepoda
      Orden Eucopepoda
  Subclase Branchiura
  Subclase Malacostraca
    División Peracarida
      Orden Mysidacea
      Orden Isopoda
      Orden Amphipoda
    División Eucarida
      Orden Decapoda

CLAVE VI: CRUSTÁCEOS

La siguiente tabla incluye sólo los géneros comunes de los crustáceos nadadores de agua dulce, encontrados en los Estados Unidos y en la mayor parte de Europa incluida la Península Ibérica. El estado larvario conocido con el nombre de *Nauplius* se muestra en la lámina **VIB**-3.

1 —Sin una envoltura a modo de concha recubriendo el cuerpo; con 4 ó 5 pies nadadores doblemente ramificados en el tórax, abdomen sin apéndices: *Copepoda* 2 — **VIB**-16,
—Generalmente con una cubierta a modo de concha, la cual puede o no cubrir por completo al cuerpo; si no poseen concha los ojos son pedunculados. 5 — 17, 19, 20

2 —Cefalotórax claramente diferenciado del abdomen, este último pequeño. 3
—Cefalotórax no claramente diferenciado; antenas cortas, como mucho con 8 segmentos (HARPACTICIDAE); con antenas de 8 segmentos. *Canthocamptus* ▲ — **VIB**-19

3 —La primera antena larga, casi tan larga como el cuerpo, 23-25 segmentos; en el macho una está modificada en un órgano de sujeción; en el 5.° pie no es rudimentario: CENTROPAGIDAE. *4*
—Antenas más cortas que el cefalotórax; hembra con dos sacos ovígeros: CYCLOPIDAE. *Cyclops* ▲ — **VIB**-20

CUADRO VIB: CARASTERÍSTICAS DE LOS CRUSTÁCEOS DE AGUA DULCE

Malacostraca — cuerpo de 20 segmentos

Nombre	*Lámina*	*Forma*	*Ojos*	*Pares de patas*	*Caparazón*	*Branquias*	*Longitud*
Decápodos	**VIA—9, 14**	Cilíndrico	Pedunculados	5	Recubriendo el tórax	Bajo el caparazón	15-130 mm
Anfípodos	**VIA—7, 8**	Comprimido	Sésiles	7	Ninguno	Bajo el tórax	5-20 mm
Isópodos	**VIA—1**	Deprimido	Sésiles	7	Ninguno	Bajo el abdomen	5-20 mm
Misidáceos	**VIA—10**	Cilíndrico	Pedunculados	6	Recubriendo todo el cuerpo excepto tres segmentos del tórax	Bajo el caparazón	15-30 mm

Branquípodos, Ostracodos y Copepodos

Nombre	*Lámina*	*Forma*	*Ojos*	*Pares de patas*	*Caparazón*	*Cabeza*	*Longitud*
Branquiópodos	**VIA—4, 5, 11**	Cilíndrico	Pedunculados	19-23	Falta	Libre	25-50 mm
Branquiópodos	**VIA—2**	Deprimido	Sésiles	21-42	Ancho	Fusionada	30-50 mm
Branquiópodos	**VIA—6**	De almeja	Próximos	13-28	Bivalvo	Libre entre valva	6-11 mm
Cladoceros (pulgas acuáticas)	**VIB—1-15**	Comprimido	Sésiles	5-6	Bivalvo	Libre	Microscópico
Copepodos	**VIB—16, 17, 19, 20**	Cilíndrico	1 sólo	5	Corto	Fusionada	Microscópico
Ostracodos	**VIB—18**	De almeja	Próximos	3	Bivalvo	Encerrada	Microscópico

LÁMINA VI A: CRUSTÁCEOS: MALACOSTRÁCEOS Y BRANQUIÓPODOS

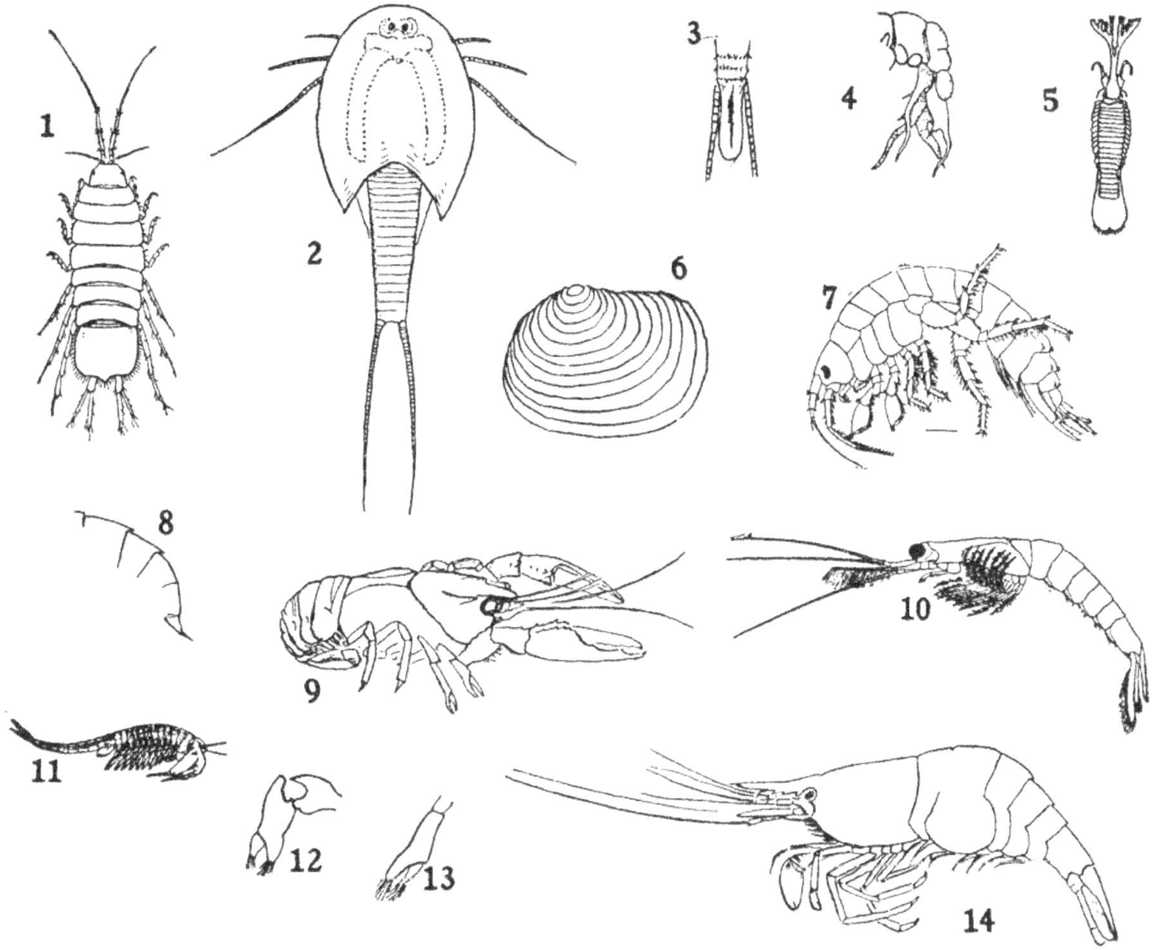

Figs.	*Género*	*Long.*	*Distr.*	*Aguas*	*Figs.*	*Género*	*Long.*	*Distr.*	*Aguas*
(7).*	Anisogammarus	25	W	ambas	(6).	Lynceus	10	G	quietas
2.	Apus	30	W	quietas	10	Mysis	30	G	quietas
1.	Asellus	15	G	quietas	(10).*	Neomysis	15	W	quietas
(9).	Cambarus	80	E	ambas	(9).	Orconectes	60	G	ambas
(7).*	Corophium	25	W	ambas	(9).	Pacifasticus	75	W	ambas
6.	Estheria	12	W	quietas	(14).	Palaemonetes	40	S	quietas
11.	Eubranchipus	25	G	quietas	(7).	Pontoporeia	11	G	quietas
(7).	Eucrangonyx	20	G	quietas	(9).	Procambarus	80	G	ambas
(1).*	Exosphaeroma	12	W	ambas	4(11).	Streptocephalus	20	W	quietas
7.	Gammarus	25	G	quietas	12 - 14.	Syncaris	30	SW	lóticas
8(7).	Hyallella	9	G	quietas	5.	Thamnocephalus	40	W	quietas
3(2).	Lepidurus	50	W	quietas					

* Estas cuatro formas abundan en los lechos de las lagunas de las costas occidentales de los Estados Unidos. El *Corophium* hace pequeños tubos en la arena, donde habita; el *Anisogammarus* y el *Neomysis* tienen formas natatorias, mientras que el *Exosphaeroma* suele encontrarse adherido a rocas sumergidas, troncos u otros objetos.

4 —Los endopoditos de los pies nadadores con tres segmentos:
—Antenas de 23 ó 24 segmentos. *Osphranticum*
—Antenas de 25 segmentos. *Limnocalanus* ▲ **VIB-17**
—Endopodito del primer pie nadador con uno o dos segmentos:
—Endopoditos del 1.°, 2.°, 3.° y 4.° pie nadador con un segmento. *Epischura, Eurytemora* ▲
—Endopodito del primer pie nadador de dos segmentos, los del 3.° y 4.° pie con tres segmentos. *Diaptomus* ▲ **VIB-16**
5 —Extremidades del tronco en forma de laminillas; mandíbulas sin palpo: **Branchiopoda** *6*
—Extremidades no en forma de laminillas; mandíbula con palpos; cuerpo no claramente segmentado con furca caudal; antena larga que les sirve para la locomoción; concha bivalva que recubre completamente el cuerpo: **Ostracoda** *34* **VIB-18**
6 —Con diez o más pares de extremidades en el tronco. *7*
—Con 4-6 extremidades en el tronco; concha bivalva, generalmente cubriendo el cuerpo pero dejando la cabeza libre: **Cladocera** *13*
7 —Sin concha; par de ojos pedunculados. El camarón, etc.: **Anostraca** *8*
—Con concha; par de ojos sésiles. *10*
8 —Antena del macho con función de sujeción, biarticulada. Presentan apéndice frontal: CHIROCEPHALIDAE. *9*
—Antena sujetadora triarticulada, sólo en el macho: STREPTOCEPHALIDAE. *Streptocephalus* ▲
9 —Apéndice frontal del macho bastante corto. *Eubranchipus* ▲ **VIB-21**
—Apéndice frontal del macho largo y vertical. *Branchinella, Chirocephalus* ▲
10 —Concha semejante a la de las pequeñas almejas: **Conchostraca** *11*
—Concha sin forma de almeja. *Notostraca*
11 —Concha esferoidal sin líneas de crecimiento: LYNCEIDAE. *Lynceus*
—Concha con líneas concéntricas de crecimiento: LIMNADIIDAE. *12*
12 —Concha con 2-11 líneas de crecimiento. *Eulimnadia*
—Concha con 18-22 líneas de crecimiento:
—Con órgano dorsal pedunculado en la zona frontal. *Limnadia*
—No presentan órgano dorsal: CAENESTHERIDAE.
13 —Concha restringida a la cámara incubadora; pies aplastados y articulados: *Gymnomera*
Polyphemus **VIB-13**
Leptodora **VIB-15**
—Concha cubriendo el cuerpo; pies sin articulaciones: **Calyptomera.** *14*
14 —Seis pares de pies; foliaceos: **Ctenopoda.** *15*
—Cinco o seis pares de extremidades en el tronco; las dos primeras más o menos prensiles: **Anomopoda**
15 —Antenas nadadoras de la hembra una o dos veces ramificadas, la dorsal con sedas laterales y terminales: SIDIDAE. *16*
—Animal encerrado en una concha grande, globular, transparente, gelatinosa, abierta ventralmente y formada por dos valvas. Antenas de la hembra con una única ramificación: HOLOPEDIDAE. *Holopedium*
16 —Rama dorsal con tres artejos, rama ventral con dos artejos; con espolón. *Sida* ▲ **VIB-2**
—Rama dorsal con dos artejos, rama ventral con tres artejos. *17*
17 —Rama dorsal con apófisis interiores o con expansiones en la articulación basal. *Latona*
—Rama dorsal sin apófisis. *18*
18 —Borde posterior de las valvas con varias sedas largas:
—Ojos dorsales lejos del lugar de inserción de la anténula. *Latonopsis*
—Ojo ventral o en medio de la cabeza. *Pseudosida*
—Borde posterior de las valvas sin sedas. *Diaphanosoma* ▲ **VIB-12**
19 —Rama superior de la segunda antena con cuatro segmentos; rama inferior con tres segmentos. *20*
—Las dos ramas de la segunda antena, ambas con tres segmentos: CHYDORIDAE. *28*
20 —Con cinco pares de patas; primera antena pequeña, cuando es grande (como en *Moina*) entonces no está insertada en el extremo anterior de la cabeza; intestino con dos ciegos hepáticos: DAPHNIDAE. *21*
—Primera antena larga; generalmente con seis pares de patas; usualmente sin ciegos hepáticos. *22*

LÁMINA VI B: CRUSTÁCEOS:

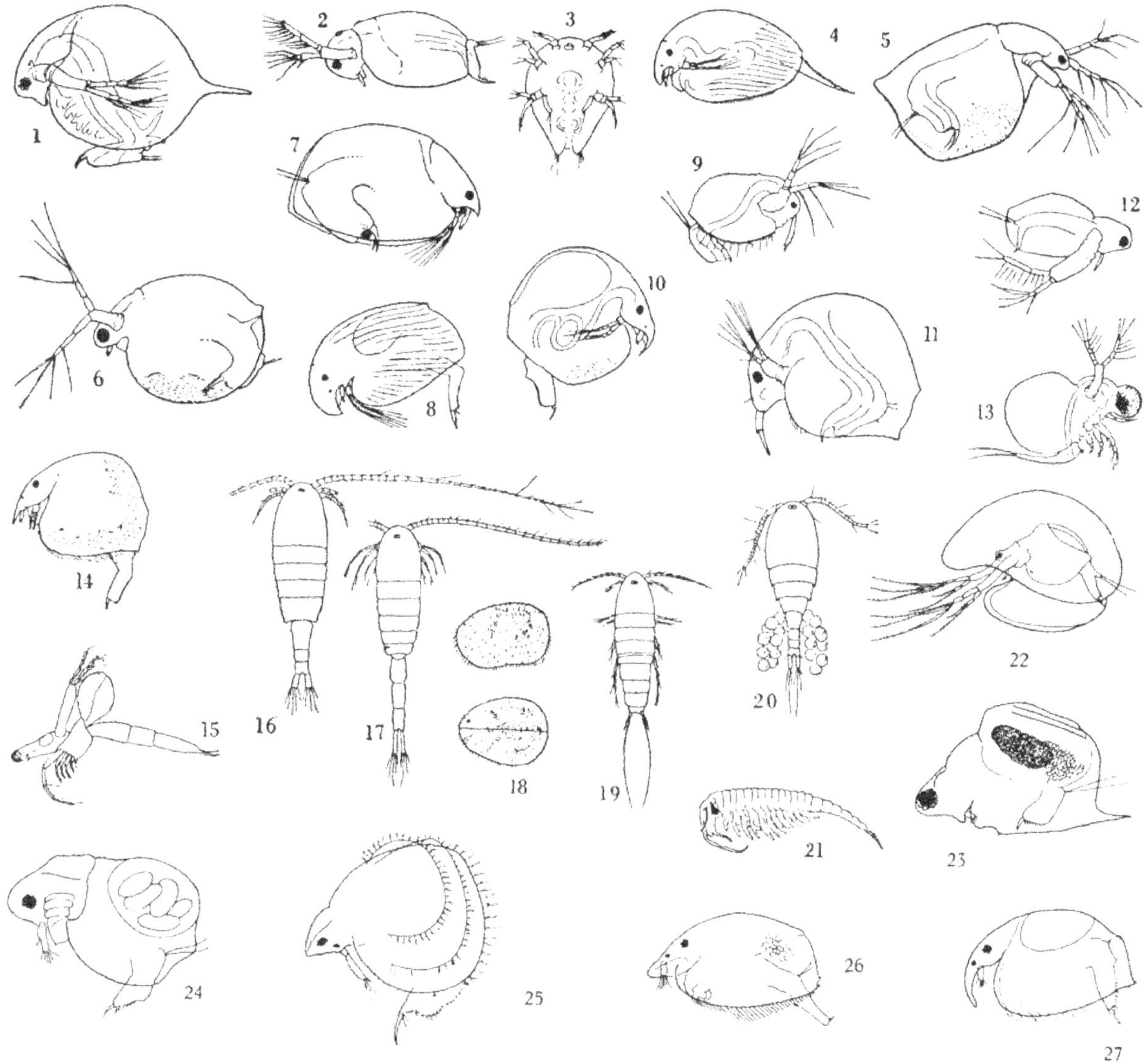

1. Daphnia
2. Sida
3. Nauplius
4. Camptocercus
5. Simocephalus
6. Ceriodaphnia
7. Eurycerus
8. Acroperus
9. Macrothrix
10. Chydorus
11. Bosmina
12. Diaphanosoma
13. Polyphemus
14. Alonella
15. Leptodora
16. Diaptomus
17. Limnocalanus
18. Cypridopsis
19. Canthocamptus
20. Cyclops
21. Eubranchipus
22. Holopedium
23. Scapholeberis
24. Moina
25. Ilyocryptus
26. Graptoleberis
27. Pleuroxus

Acroperus, 8
Alonella, 14
Bosmina, 11
Camptocercus, 4
Canthocamptus, 19
Ceriodaphnia, 6
Chydorus, 10
Cyclops, 20
Cypridopsis, 18
Daphnia, 1
Diaphanosoma, 12
Diaptomus, 16
Eubranchipus, 21
Eurycercus, 7
Holopedium, 22
Ilyocryptus, 25
Graptoleberis, 26
Leptodora, 15
Limnocalanus, 17
Macrothrix, 9
Moina, 24
Nauplius, 3
Pleuroxus, 27
Polyphemus, 13
Scapholeberis, 23
Sida, 2
Simocephalus, 5

21 —Cabeza de la hembra con espolón:
—Cabeza con una quilla superior, sin sutura transversal en el cuello, concha con marcas poligonales y con espina posterior. *Daphnia* ▲ **VIB-1**
—La espina de la concha se prolonga en línea recta con respecto al borde ventral, concha débilmente reticulada. *Scapholeberis* ▲ **VIB-23**
—Sin espina y, si la hay, es muy corta y despuntada; marcas lineales transversales. *Simocephalus* ▲ **VIB-5**
—Cabeza sin espolón:
—Primera antena de la hembra muy corta, cabeza pequeña y deprimida. *Ceriodaphnia* ▲ **VIB-6**
—Primera antena grande, cabeza alta. *Moina* ▲ **VIB-24**
22 —Primera antena grande y fija; seis pares de patas: BOSMINIDAE. *Bosmina* ▲ **VIB-11**
—Primera antena larga, libre y móvil: MACROTHRICIDAE. *23*
23 —Intestino con circunvoluciones. *24*
—Intestino sencillo. *26*
24 —Valvas con espinas en el ángulo anteroposterior. *Ophryoxus*
—Sin espinas. *25*
25 —Circunvoluciones del intestino en la parte media del cuerpo:
—Borde dorsal de la concha con un diente puntiagudo, corto, dirigido hacia atrás y que se encuentra aproximadamente en la mitad. *Drepanothrix* ▲
—Sin diente dorsal. *Parophryoxus*
—Circunvoluciones del intestino en la parte trasera del cuerpo:
—Borde posterior de la concha truncado. *Acantholeberis* ▲
—Borde posterior redondo con una protuberancia ligeramente puntiaguda. *Streblocerus*
26 —Borde anteroposterior de la concha truncado diagonalmente; generalmente en forma oval y triangular, cabeza en el ápice; los extremos ventrales y posteriores de las valvas enormemente dilatados. *Ilyocryptus* ▲ **VIB-26**
—Generalmente forma ovada, extremo anteroposterior de la concha redondeado, no truncado; solamente con sedas en el borde ventral de la concha. *27*
27 —Sedas largas, móviles parecidas a espinas y prolongándose en varias direcciones. *Macrothrix* ▲ **VIB-9**
—Sedas cortas y apiñadas; concha más o menos en forma de corazón con la extremidad medio-posterior formando el ápice. *Lathonura*
28 —Ano en el extremo posterior del abdomen; dos sedas hepáticas. *Enrycercus* ▲ **VIB-7**
—Ano en el extremo dorsal del post-abdomen; sin sedas hepáticas. *29*
29 —Cabeza y parte dorsal con una gran quilla; post-abdomen muy largo y delgado; con dientes en el margen lateral. *Camptocercus* ▲ **VIB-4**
—Sin poseer todos los caracteres anteriores. *30*
30 —Espesor del borde posterior de la concha no mucho menor que en la zona de mayor espesor. *31*
—Borde posterior mucho menos espeso que la zona de mayor espesor. *32*
31 —Cuerpo comprimido; pinza en el lado cóncavo con uno o dos dientes centrales:
—Concha con cresta. *Kurzia, Acroperus* ▲ **VIB-8**
—Sin cresta, post-abdomen con dientes marginales y laterales. *Alonopsis, Euryalona* ▲
—Cuerpo no muy comprimido; pinza sin dientes o sólo con un diente basal:
—El espolón no sobrepasa el primer par de antenas. *Oxyurella* ▲, *Leydigia* ▲, *Alona* ▲, *Graptoleberis* ▲ **VIB-27**
—Espolón más largo que el primer par de antenas. *Alonella* (en parte) ▲, *Rhynchotalona*
32 —Cuerpo visiblemente más largo que ancho. *Pleuroxus* ▲, *Alonella* ▲ (en parte), *Dunhevedia* ▲ **VIB-28**
—Cuerpo esférico o casi esférico. *33*
33 —Post-abdomen corto con el ángulo preanal prominente. *Chydorus* ▲ **VIB-10**
—Post-abdomen grande, ángulo preanal no muy claramente visible. *Alonella* ▲ **VIB-14**
34 —De las extremidades del tronco, el último par doblado hacia atrás dentro de la concha y sin fines locomotores: CYPRIDIDAE.
—Concha grande marcada dorsal y lateralmente con tres bandas oscuras y prominentes. *Cypridopsis vidua* ▲ **VIB-18**

—Las extremidades del último par dirigidas hacia abajo y con fines locomotores: CYTHERIDAE.
—Formas nadadoras dulceacuícolas. *Limnocythere* ▲

BIBLIOGRAFÍA: CRUSTÁCEOS Y MOLUSCOS

Baker, F. C.
1928 *The Fresh-water Mollusca of Wisconsin.* Wisc. Acad. Sci. Bull. Parte I, Gastropoda, 70: 1-505. Parte II, Pelecypoda, 70: 1-495.
Goodrich, C.
1932 *The Mollusca of Michigan.* Univ. of Mich. Handbook series, n.° 5: 1-120.
Kükenthal, W. y T. Krumbach
1926-27 *Crustacea.* Handbuch der Zoologie, 3: 277-1078.
La Rocque, A.
1953 *Catalogue of the recent Mollusca of Canada.* Bull. Nat. Mus. Canada, n.° 129: 9-406.
Pelseneer, P.
1906 *Mollusca.* Parte V of Lankester, *Treatise on zoology,* Adam y Charles Black, London, 355 pp.
Schmitt, W. L.
1938 *Crustaceans.* Smithsonian Scientific Ser., 10: 85-248.
Smith, G. y W. F. R. Weldon
1909 *Crustacea.* Cambridge Nat. Hist., 4: 1-217.
Walker, B.
1918 *A synopsis of the classification of the freshwater Mollusca of North America, north of Mexico.* Mus. Zool. Univ. of Mich., Publ.: 6: 1-213.

VII

Insectos

La fauna de insectos acuáticos de América del Norte y Europa es semejante, formando lo que se llama la región Holártica, pero esta semejanza no es total ya que en ocasiones la comunicación de los dos continentes por el estrecho de Bering o su separación, ha propiciado la especiación de manera diferente. Por ello nos encontramos que si las familias que existen en los dos continentes son prácticamente las mismas, en los géneros hay muchas diferencias, distinguiéndose en la región Holártica dos subregiones, la Paleártica o Europea y la Neártica o Americana.

Por ello, en el presente trabajo se han incluido sólo parte de los géneros europeos, ya que se trata de una obra americana, citándose además muchos otros propiamente americanos que no se encuentran en Europa. Para adecuar la obra a la fauna paleártica e incluir en ella la mayoría de los géneros de nuestra Península, se han señalado en primer lugar en la clave general con un triángulo los géneros que se encuentran en Europa y en segundo lugar se ha añadido para cada orden una descripción de los géneros más importantes situándolos en la clave general cerca del género más semejante a él.

En una obra de conjunto sobre los insectos acuáticos es difícil incluir todas sus formas y más aún hacerlo con caracteres fáciles y bien visibles. Esta tarea es mucho más difícil si debemos basarnos en los estudios sobre la fauna española de insectos acuáticos. A excepción de algunos trabajos sobre Odonatos (Benítez 1950, Comte 1963), Coleópteros y Hemípteros (Vázquez y De la Fuente 1973), los demás grupos están mal estudiados principalmente por lo que a las larvas se refiere. Los trabajos del padre Navas de principio de siglo tratan principalmente sobre adultos y su valor sistemático ha sido discutido por muchos autores (Schmidt 1952, Aubert 1956), habiéndose revisado algunos grupos, pero quedando la mayor parte del trabajo por hacer. Debido a ello la fauna española es muy interesante y presenta notables peculiaridades, por lo que su interés no se ha visto correspondido por la intensidad de su estudio.

CLAVE PARA LOS ÓRDENES DE LARVAS DE INSECTOS ACUÁTICOS

1 —Larvas con alas desarrolladas externamente (llamadas *ninfas* en esta obra) y sin fase pupal quiescente. *2*

—*Larvas* propiamente dichas, con alas desarrolladas internamente e invisibles hasta la pupal quiescente; aspecto más vermiforme *5*

2 —Con boca masticadora. *3*

—Boca transformada en un pico chupador que se encuentra directamente situado bajo la cabeza, entre las patas delanteras y dirigido hacia atrás: chinches de agua. **Hemiptera** **XI**

3 —Con cercos largos y delgados; el labio no sobrepasa la cabeza y no está replegado contra sí mismo como una bisagra. *4*

—Cercos representados por tres anchas láminas respiratorias, foliares, atravesadas por tráqueas o por pequeños apéndices espinosos; el labio cuando está extendido es mucho más largo que la cabeza y en posición de descanso se encuentra doblado como una bisagra entre las patas delanteras; libélulas y caballitos del diablo. **Odonata** **X**

CARACTERÍSTICAS PARA EL RECONOCIMIENTO DE LAS FORMAS MÁS COMUNES DE LAS LARVAS DE INSECTOS ACUÁTICOS

1. Formas con estadios inmaduros (comúnmente conocidos como ninfas), no muy distintos de las formas adultas. Alas desarrolladas externas y claramente visibles sobre el dorso.

Nombre vulgar y orden	*Forma*	*Cercos*	*Branquias*	*Otras particularidades*	*Hábitat*	*Alimentación*
Mosca de la piedra *Plecoptera*	Deprimida	2, largos	Muchas, pequeñas y alrededor de las bases de las patas		Zonas de rápidos	Principalmente carnívoras
Efémeras o moscas de mayo *Ephemeroptera*	Alargada, variable	3, largos (raramente 2)	7 pares en el dorso del abdomen		En todas las aguas	Principalmente herbívoras
Caballitos del diablo *Odonata*	Delgada, adelgazándose hacia atrás	(Ver branquias)	3 branquias caudales laminares	Un enorme labio de función presora	Aguas lentas y estancadas	Carnívoras
Libélulas *Odonata*	Robusta, variable	Muy cortos, espiniformes	Cámara branquial interna en el ápice del cuerpo	Enorme labio prensor	Aguas lentas y estancadas	Carnívoras
Chinches acuáticas *Hemiptera*	Corta, robusta, muy parecida a la de los adultos	Variables	Ausentes	Rostro puntiagudo, picador-chupador	En todas las aguas	Carnívoras

2. Formas con estadios inmaduros muy distintos a los adultos de la misma especie, más o menos vermiformes, con alas desarrolladas internamente e invisibles desde el exterior, con patas cortas, rudimentarias o ausentes (larvas propiamente dichas).

Nombre vulgar y orden	*Patas*	*Branquias*	*Parte trasera del cuerpo*	*Otras particularidades*	*Hábitat*	*Alimentación*
Polillas de agua *Lepidoptera*	3 pares de pequeñas patas articuladas, con varios pares de pseudópodos	Numerosos filamentos blancos y suaves o totalmente ausentes	1 par de pseudópodos con numerosas uñas	Uñas en todos los pseudópodos	En todas las aguas	Herbívoras
Frigáneas *Trichoptera*	3 pares bastante largas	Variables o ausentes	Igual que el anterior, con 1 par de anchas uñas en los extremos	La mayoría viven en estuches portátiles	En todas las aguas	La mayoría herbívoras
Neuroptera	3 cortos pares	7 pares de largos filamentos laterales	Con un largo cerco que se va adelgazando hacia atrás		Lechos de grava	Carnívoras
Coridálidos *Megaloptera*	3 pares	Con penachos en la base de los filamentos laterales o ausentes	Con un par de uñas ganchudas		En todas las aguas	Carnívoras
Escarabajos acuáticos *Coleoptera*	3 pares	Ausentes en general	Variable		En aguas lentas o estancadas	Carnívoras
Moscas propias *Diptera*	Ausentes	Generalmente un solo penacho de branquias anales retráctiles	(Ver la tabla siguiente)	Cabeza pequeña, a menudo ausente aparentemente	En todas las aguas	Ver tabla siguiente

3. Caracteres suplementarios de algunas larvas de dípteros: éstas se distinguen de las larvas acuáticas de otros grupos por la ausencia de verdaderas patas.

Familia	*Cabeza*	*Parte trasera del cuerpo*	*Falsas patas o pseudópodos*	*Otras particularidades*	*Hábitat*	*Alimentación*
Típulas *Tipulidae*	Retráctil e invisible	Con un disco respiratorio bordeado de pseudópodos	Variables		Bancos de arena	En su mayoría herbívoras
Blepharoceridae	Se va adelgazando hacia su base	Ausentes	Ausentes	Cuerpo plano y lobulado con hileras de ventosas ventrales	Rocas en zonas de cascadas	Diatomeas, etc.
Mosquitos *Culicidae*	Libre	Con aletas natatorias franjeadas de pelos	Ausentes	Segmentos torácicos dilatados	En la superficie de charcas	Herbívoras
Jejenes *Simuliidae*	Libre	Con un disco de fijación caudoventral	1 bajo la boca	«Abanicos» en la cabeza para la captura de alimentos	Rocas de rápidos	Herbívoras
Chironomidae	Libre		1 anterior 2 al final del cuerpo	Viven algunos en tubos blandos	En todas las aguas	Herbívoras
Stratiomyiidae	Pequeña, libre	Pelos para flotar	Ausentes	Forma deprimida	Superficie de aguas quietas	Herbívoras
Tábanos *Tabanidae*	Acuminada	Acuminada	Ausentes	Cuerpo aplanado, fusiforme y tuberculado	Lechos de charcas	Carnívoras
Leptidae	Retráctil y acuminada	Con 2 cortos cercos acuminados	2 robustos pares bajo el cuerpo		Rápidos, bajo piedras	
Syrphidae	Pequeña	Tubo respiratorio extensible tan largo como el cuerpo	Ausentes		Charcas poco profundas	
Moscardas *Muscoidae*	Rudimentaria	Truncada	Ausentes normalmente			

4 —Branquias situadas, principalmente, bajo el tórax; 2 uñas en los tarsos; 2 cercos; ninfas de las moscas de la piedra. **Plecoptera** **VIII**

—Branquias situadas, principalmente, en los lados del abdomen; una única uña en los tarsos; generalmente 3 cercos: ninfas de las moscas de mayo o efémeras. **Ephemeroptera** **IX**

5 —Con patas torácicas articuladas. *6*

—Sin patas torácicas articuladas; con prolongaciones abdominales o bien totalmente sin patas: moscas, mosquitos, etc. **Diptera** **XIII**

6 —Piezas bucales delgadas, agudas y curvadas, de longitud igual a la mitad de la del cuerpo; larvas pequeñas que viven dentro de las esponjas dulceacuícolas: SISYRIDAE.

—Con piezas bucales masticadoras. **Neuroptera** **VII**

7 —Con un par de prolongaciones únicamente en el último segmento (excepto en *Sialis* **VII**-9, que posee un solo proceso cercoide mediano al final del abdomen), dirigidos hacia atrás y armados cada uno de 2 fuertes uñas. *8*

—Prolongaciones, cuando están presentes, en más de un segmento abdominal; si se encuentran también en el último, entonces éstos no están armados de uñas, pares o impares (excepto en las larvas de coleópteros girínidos, que tienen un par de filamentos abdominales laterales); las prolongaciones a menudo faltan. *9*

8 —Con un par de largos filamentos laterales en cada segmento abdominal: SIALIDIDAE. **Megaloptera** **VII**

—Segmentos abdominales sin filamentos laterales largos y musculosos, a menudo con pequeños filamentos branquiales; larvas cilíndricas que viven generalmente en estuches protectores portátiles: larvas de frigáneas. **Trichoptera** **XII**

9 —Con 5 pares de prolongaciones y sin espiráculos en el ápice del abdomen. **Lepidoptera** **VII-11**

—Nunca con 5 pares de prolongaciones, generalmente ausentes totalmente y con espiráculos terminales; filamentos laterales, largos, a veces presentes en los segmentos abdominales: escarabajos. **Coleoptera** **XIVB**

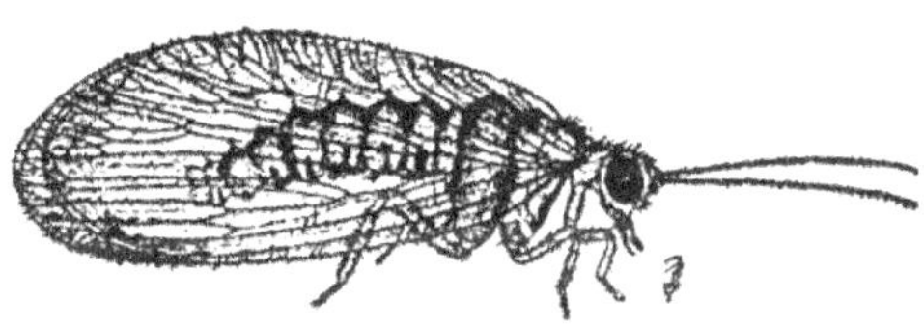

Sisísido, *Sisyra*

VII.

MISCELÁNEA DE INSECTOS

CLAVE VII: LARVAS DE NEUROPTERA Y MEGALOPTERA

1 —Formas grandes con piezas bucales masticadoras. *2*

—Formas pequeñas con piezas bucales perforadoras. SISYRIDAE. *4*

2 —Cuerpo terminado por un largo cerco mediano. *Sialis* ▲ **VII-9**

—Cuerpo terminado en un par de robustas prolongaciones que llevan unos ganchos o uñas. *3*

3 —Filamentos abdominales laterales portando debajo un penacho de branquias traqueales. *Corydalus* **VII-(8)**

—Filamentos abdominales laterales sin branquias traqueales. *Chauliodes* **VII-8**

4 —Cerdas en la parte posterior del tórax sésiles. *Sisyra* ▲ **VII-10**

—Cerdas en la parte posterior insertas sobre unos tubérculos. *Climacia* **VII-(10)**

LÁMINA VII: MISCELÁNEA DE INSECTOS

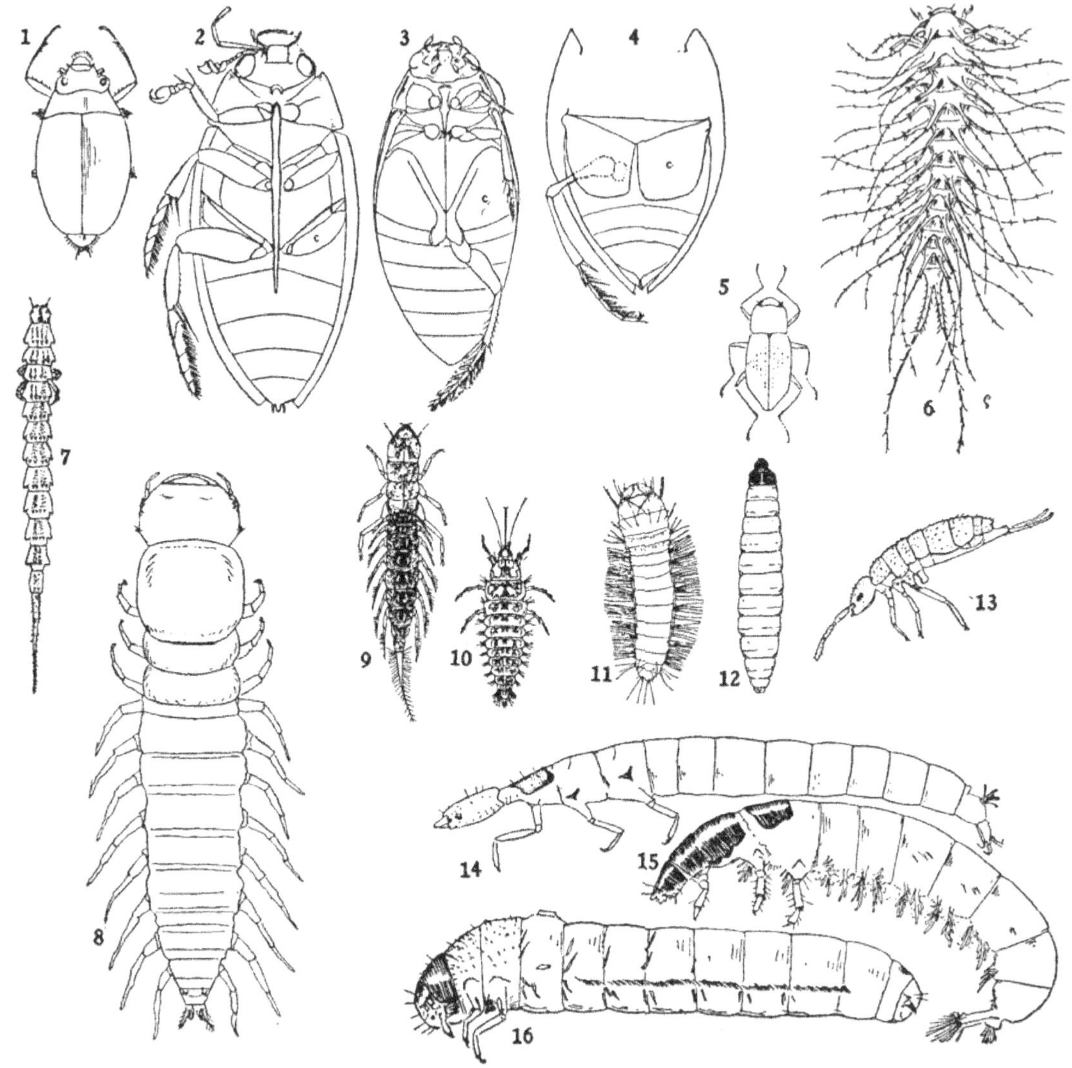

Adultos		*Larvas*									
Figs.	*Familia*	*Figs.*	*Género*	*Long.*	*Distr.*	*Aguas*	*Figs.*	*Género*	*Long.*	*Distr*	*Aguas*
5.	Dryopidae, Elmidae	8.	Chauliodes	50	G	ambas	15.	Hydropsyche	18	G	lóticas
3.	Dytiscidae	(10).**	Climacia	5	E	lóticas	12.§	Nymphula	13	G	quietas
1.	Gyrinidae	(8).†	Corydalis	75	G	lóticas	6.	Peltodytes	10	G	quietas
4.	Haliplidae	11.‡	Elophila	8	E	lóticas	14.	Philopotamus	10	G	lóticas
2.	Hydrophilidae	16.	Halesus	18	E	ambas	9.	Sialis	22	G	quietas
13.	Collembola (spring-tail)	7.	Haliplus	9	G	quietas	10.	Sisyra	5	E	lóticas

** Se diferencia por tener sedas dorsales insertas en tubérculos.

† Se diferencia por tener penachos de branquias blancas bajo los filamentos abdominales laterales.

‡ Otra especie de Elophila, carente de branquias traqueales, que vive en estuches ovados sobre lentejas acuáticas (lemnáceas).

§ Otra especie de *Nymphula* tiene branquias traqueales ramificadas.

Además de *Sisyra* existe en la península Ibérica otro género de megalóptero, es el género *Osmylus* (fig. 1). Se distingue éste de aquél por su cuerpo más alargado, por tener las patas con dos uñas y por la ausencia de branquias ventrales.

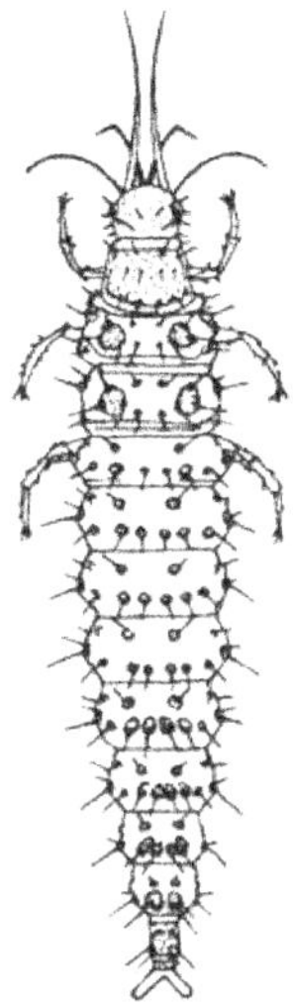

FIG. 1. Osmylus.

BIBLIOGRAFÍA GENERAL

Bertrand, H.
1954 *Les insectes aquatiques d'Europe.* Encyclopedie Entomologique, Serie A, volumen XXX-XXXI. Lechevalir, París.
Engelhardt, W.
1964 Pond-Life - Burke. London, 208 pp.
Macan, T. T.
1975 *Guía de animales invertebrados de agua dulce.* 118 pp. Eunsa. Pamplona.
Kimmis, D. E.
1962 *Keys to the British Species of aquatic Megaloptera and Neuroptera.* F.B.A. Scien. Public. n.° 8.
Navas, L.
1935 *Monografía de la familia de los Sisíridos.* Memorias de la Academia de Ciencias de Zaragoza, n.° 4, 86 pp.

VIII

Ninfas de moscas de la piedra (Plecópteras)

CLAVE VIII: NINFAS DE PLECÓPTERA

1 —Con branquias, por lo menos en algunos segmentos abdominales. 2
—Sin branquias (excepto las anales) en los segmentos abdominales. 4
2 —Con anchas branquias laterales impares en los segmentos abdominales uno a siete. *Oroperla* **VIII-(5)**
—Con pequeños penachos de branquias ventrales solamente en los segmentos basales. 3
3 —Branquias en los segmentos 1 y 2 solamente. *Pteronarcys* **VIII-(5)**
—Branquias en los segmentos 1, 2 y 3. *Pteronarcella* **VIII-11, (5)**
4 —Cuerpo deprimido, en forma de cucaracha; cabeza doblada hacia abajo. *Peltoperla* **VIII-2**
—Cuerpo cilíndrico, de forma normal; cabeza dirigida hacia adelante. 5

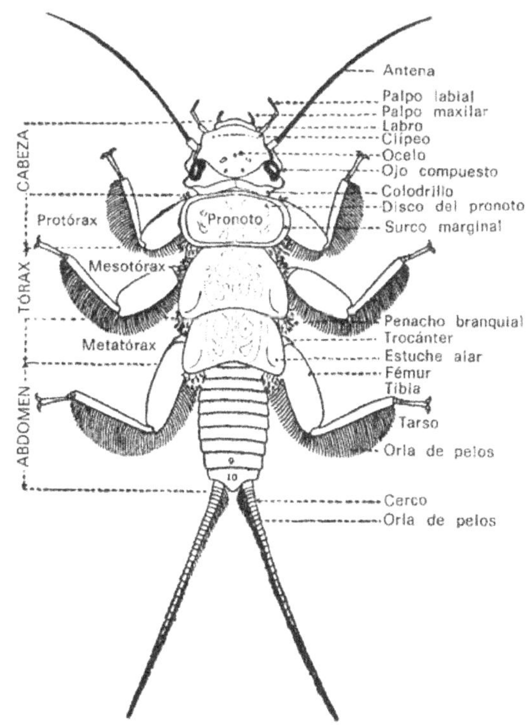

FIG. 2. Ninfa de plecóptera típica, en la que se ven diversas estructuras.

LÁMINA VIII: NINFAS DE PLECÓPTERA

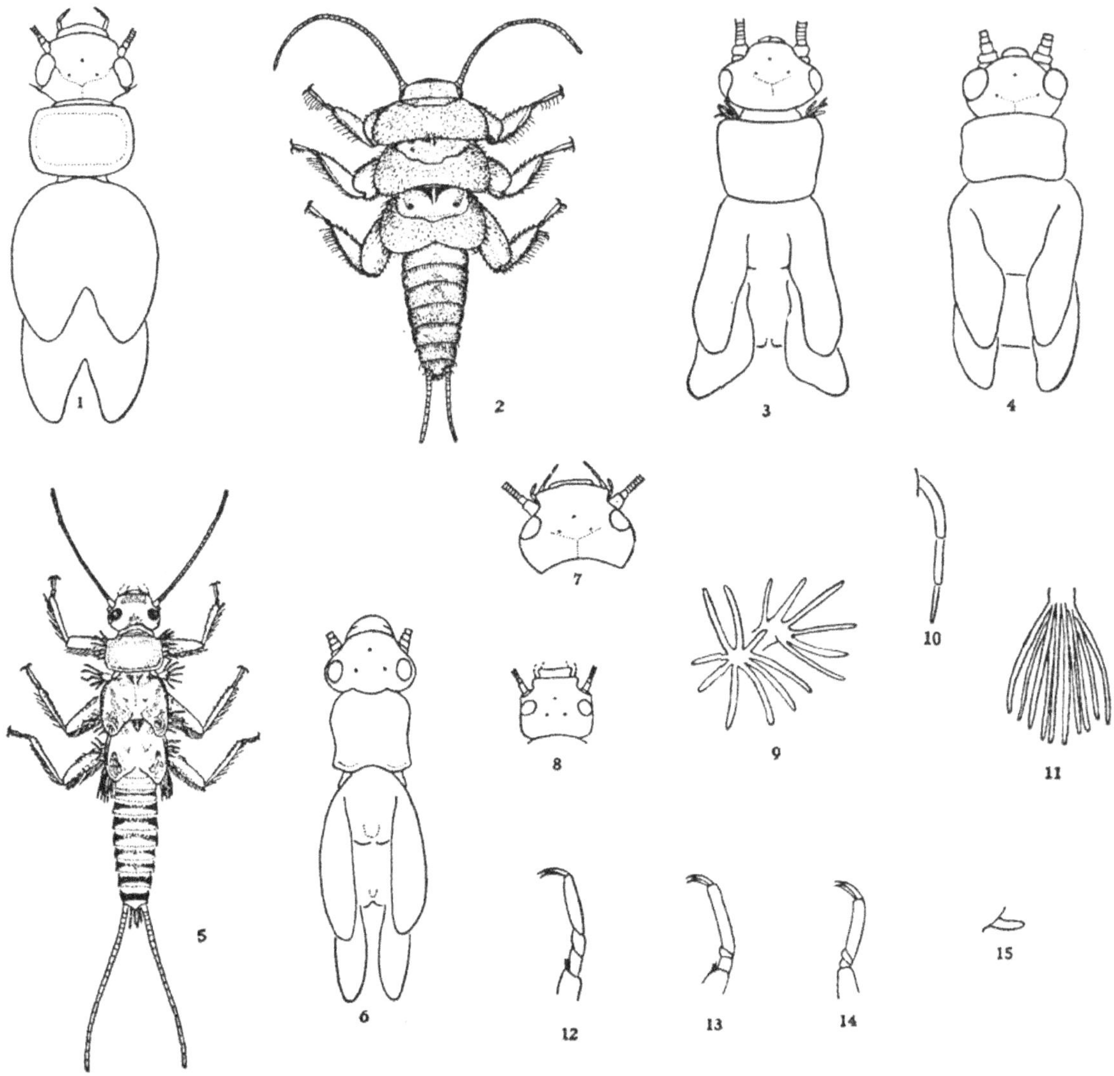

Figs.	*Género*	*Long.*	*Distr.*	*Aguas*
(5).	Acroneuria	20	G	lóticas
(5).	Alloperla	8-12	G	lóticas
1, (5).	Arcynopteryx	20	N, W	lóticas
(5).	Atoperla	8	N, E	lóticas
(13).	Capnia	6	N, W	lóticas
(5).	Claassenia	20	N, W	lóticas
15, (5).	Isogenus	15-20	G	lóticas
4.	Isoperla	10-15	G	lóticas
(8).	Kathroperla	18	W	lóticas
6, 14.	Leuctra	10	G	lóticas
3, 9.	Nemoura	7-11	G	lóticas
(5).	Neoperla	13	E, S	lóticas
(5).	Neophasganophora	22	E, S	lóticas
(5).	Oroperla	20	W	lóticas
(5).	Paragnetina	20	E, S	lóticas
8.	Paraperla	18	W	lóticas
2.	Peltoperla	6-12	G	lóticas
(5).	Perlesta	12	E, S	lóticas
7, (5).	Perlinella	16	E, S	lóticas
11, (5).	Pteronarcella	18	W	lóticas
(5).	Pteronarcys	20-30	G	lóticas
10, 12.	Taeniopteryx	12	G	lóticas

5 —Segmentos 1 y 2 de los tarsos muy cortos, tomados juntos menos de la mitad de la longitud del tercero. *6*
—Segmentos 1 y 2 más largos que la mitad de la longitud del 3.°. *19*
6 —2 ocelos; numerosos penachos de branquias bajo el tórax. *7*
—3 ocelos; penachos de branquias en número variable o ausentes.. *8*
7 —Ocelos muy próximos entre sí; branquias anales presentes. *Neoperla* **VIII**-(5)
—Ocelos alejados entre sí (varios diámetros de uno de ellos); sin branquias anales. *Atoperla* **VIII**-(5)
8 —Con penachos de branquias ramificadas conspicuas en la base de las patas. *9*
—Con branquias, si están presentes, pequeñas, no ramificadas e inconspicuas. *14*
9 —Ojos situados hacia delante, antes de la mitad de la cabeza. *Perlinella* **VIII**-7,
—Ojos situados después de la mitad de la cabeza. *10*
10 —Cuerpo moteado de pequeños puntos marrones; 10 mm de longitud. *Perlesta* **VIII**-(5)
—Cuerpo no tan moteado; unos 20 mm de longitud mínima. *11*
11 —Con una arista occipital clara, que continúa a lo largo de la cabeza. *12*
—Generalmente la arista no se continúa en el medio de la cabeza. *Acroneuria* **VIII**-(5)
12 —Branquias anales presentes. *13*
—Branquias anales ausentes. *Paragentina* **VIII**-(5)
13 —Segmentos abdominales amarillos, anchamente bordeados de negro. *Neophasganophora* **VIII**-(5)
—Segmentos abdominales casi enteramente marrones. *Claassenia* **VIII**-(5)
14 —Con branquias digitiformes pequeñas bajo la cabeza. *15*
—Sin branquias bajo la cabeza. *16*
15 —Branquias pequeñas; segmentos torácicos sin branquias. *Isogenus* ▲ **VIII**-15, (5)
—Branquias más largas, frecuentemente también en los segmentos torácicos. *Arcynopteryx* ▲ **VIII**-1, (5)
16 —Cabeza cuadrada con ojos pequeños implantados hacia delante. *17*
—Cabeza más convexa en los lados, con ojos laterales más prominentes. *18*
17 —Disco del pronoto abundantemente orlado de pelos bastos o groseros; cercos de 8 mm de longitud. *Kathroperla* **VIII**-(8)
—Disco del pronoto débilmente orlado de pelos groseros; cercos de 6 mm de longitud. *Paraperla* **VIII**-(8)
18 —Borde externo de los esbozos alares curvados sólo en el ápice; cercos más largos que el abdomen o las antenas. *Isoperla* ▲ **VIII**-4
—Borde externo de los esbozos alares amplia y regularmente redondeados; cercos más cortos que el abdomen o las antenas. *Alloperla* **VIII**-(8)
19 —2.° artejo de los tarsos tan largo como el 1.°. *Taeniopteryx* ▲ **VIII**-10,
—2.° artejo de los tarsos más corto que el 1.° *20*
20 —Esbozos de las alas posteriores divergentes con el cuerpo. *Nemoura* ▲ **VIII**-3, 9
—Esbozos de las alas posteriores casi paralelos al cuerpo. *21*
21 —Los 9 primeros segmentos abdominales divididos lateralmente por un pliegue membranoso. *Capnia* ▲ **VIII**-(13)
—Sólo los siete primeros segmentos abdominales divididos por un pliegue membranoso. *Leuctra* ▲ **VIII**-6, 14

PLECÓPTEROS

Los plecópteros españoles fueron estudiados modernamente por Aubert (1956) y más extensivamente a principios de siglo por Navas, aunque ya hemos expuesto la dificultad de homologación de sus especies. Los plecópteros son muy interesantes, ya que presentan una gran especiación existiendo gran diferencia de una cadena montañosa a otra. Además de los géneros señalados con un triángulo, podemos destacar:

Brachyptera (fam. Taniopterigidae). Semejante a *Taeniopteryx* (**VIII**-10) del que se diferencia por no tener branquias coxales y por la falta de tubérculos en el borde posterior de los tergitos abdominales (**VIIIa**-1).

Amphinemoura (fam. Nemouridae). Como los dos géneros siguientes parecido a *Nemoura* (**VIII**-3), pero se distingue de éste por sus 5-8 branquias filamentosas en el tórax(**VIIIa**-3,3a).

Protonemoura (fam. Nemourtdae). Parecido al anterior, pero con sólo tres branquias simples en el tórax (**VIIIa**-2,2a).

LÁMINA VIIIa: PLECÓPTEROS

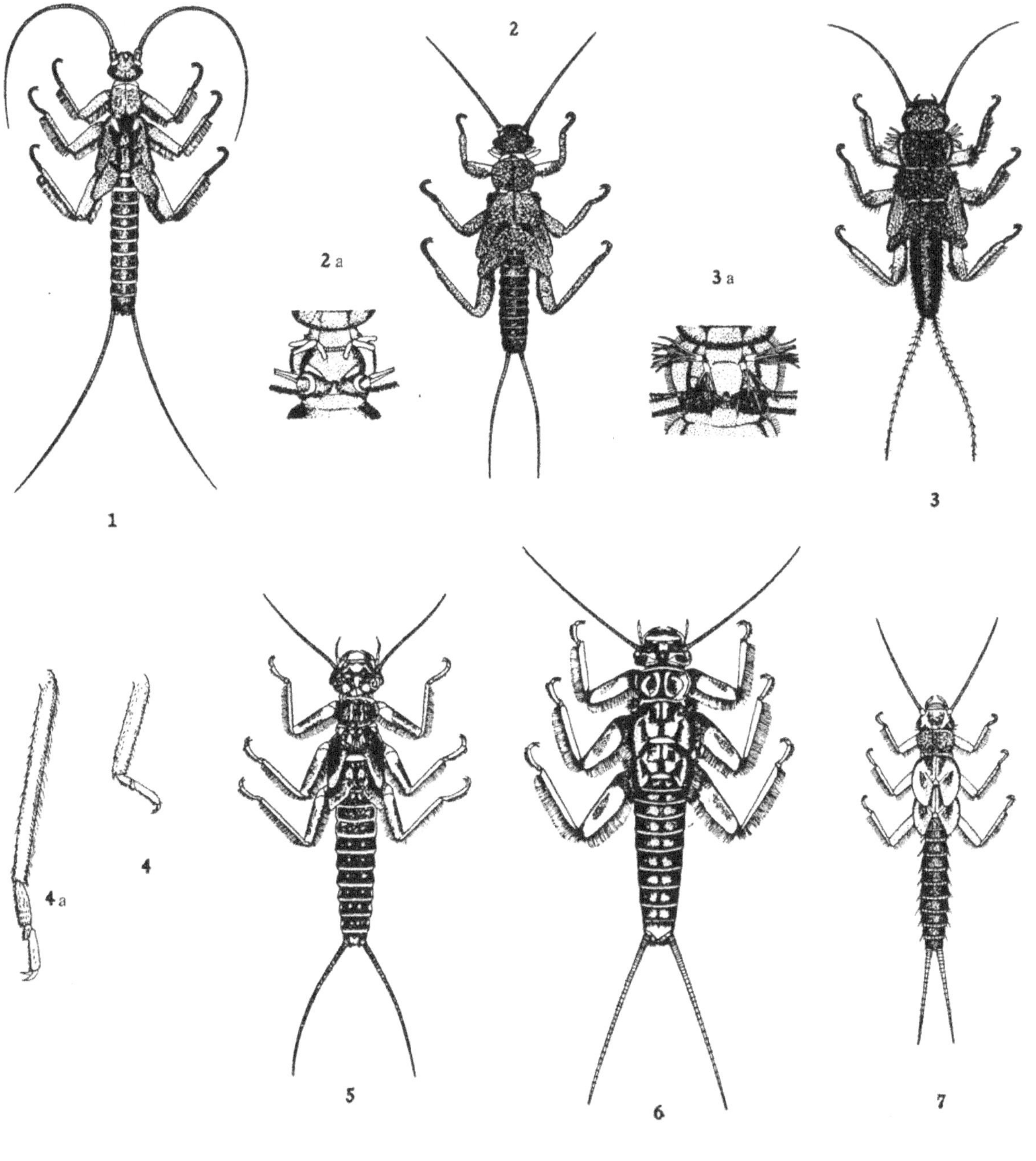

1. Brachyptera
2-2a. Protonemura
3-3a. Amphinemura
4. Nemura; tarsos y tibia
4a. Nemurella; tarsos y tibia
5. Perlodes
6. Perla
7. Chloroperla

Nemourella (fam. Nemouridae). Sin branquias en el tórax, distinguiéndose de *Nemoura* (**VIII**-3) por tener los artejos del tarso primero y tercero casi iguales (el primer artejo es sólo un tercio del tercero en *Nemoura*) (**VIIIa**-4,4a).

Perlodes (fam. Perlodidae). A esta misma familia pertenecen *Isogenus* (**VIII**-15). y *Arcynopteryx* (**VIII**-1). Este género se diferencia de ellos por su pronoto más corto, elipsoide y redondeado y por tener los cuatro primeros segmentos abdominales con tergito y esternito separados (**VIIIa**-5).

Perla (fam. Perlidae). Branquias de los segmentos torácicos ramificadas, siendo los mayores plecópteros de nuestras regiones. En la clave se acercarían a los géneros comprendidos entre los puntos 7 y 11 (**VIIIa**-6).

Chloroperla (fam. Chloroperlidae). De pequeño tamaño, sin branquias, se podría situar cerca de *Isoperla*, de la que se distingue por su borde alar redondeado y por tener el último artejo de los palpos maxilares muy delgado en relación al penúltimo (**VIIIa**-7).

BIBLIOGRAFÍA:

Claassen, P. W.
1931 *Plecoptera nymphs of North America.* Thomas Say Foundation of the Entomol. Soc. of Am. Publ. No. 3: 1-199, Lafayette, Ind.
1940 *A catalogue of the Plecoptera of the world.* Cornell Univ. Agri. Exp. Sta. Mem., 232: 1-235.

Frison, T. H.
1935 *Plecoptera of Illinois.* Ill. Nat. Hist. Survey, 20: 281-471.

Morgan, A. H.
1913 *A contribution to the biology of mayflies.* Ann. Entomol. Soc. Amer., Vol. 6, pp. 371-413.

Needham, J. G.
1920 *Burrowing mayflies of our largar lakes and streams.* Bull. U.S. Bur. Fish., Vol. 36, pp. 265-292.

Needham, J. G. y P. W. Claassen
1925 *The Plecoptera of North America.* Thomas Say Foundation of the Entomol. Soc. of Am. Publ. No. 2: 1-397, Lafayette, Ind.

Needham, James G., J. R. Traver y Y. Hsu
1935 *The biology of mayflies.* Comstock Publishing Co., 759 pp., Ithaca, N.Y.

Ricker, W. E.
1952 *Systematic studies in Plecoptera.* Indiana Univ. Publ. Sci. Ser. No. 18: 1-200.

Aubert, J.
1963 Les *Plécoptères de la peninsula Ibérique.* Eos VXXIX: 23-107.

Brinck, P.
1956 *Studies on Swedish stoneflies.* Opus. Entomol. Suppl. 11, 250 pp.

Despax, R.
1951 *Plécoptères.* Faune de France, 5-280 pp. París.

Hynes, H. B. N.
1967 *A Key to the Adults and Nymphs of British Stoneflies* (Plecoptera). F.B.A. Sci. Publ. No. 17.

IX

Ninfas de moscas de mayo (Ephemeroptera)

CLAVE IX: NINFAS DE EPHEMEROPTERA

1 —Mandíbulas con un diente proyectado hacia delante, visible desde el dorso de la cabeza. *2*
—Mandíbulas con un diente menor. 9
2 —Diente aplanado, con la punta roma y desnuda (algunas formas del Este). *Paraleptophlebia* ▲ **IXB**-7, (4)
—Diente afilado y puntiagudo, más o menos velloso. 3
3 —Tibias delanteras más largas que las traseras. *4*
—Tibias delanteras más cortas que las traseras. 5
4 —Dientes mandibulares vellosos hacia el ápice. *Euthyplocia* **IXA**-1
—Dientes mandibulares vellosos sólo en su base. *Potamanthus* **IXA**-4
5 —Parte anterior de la cabeza con un proceso elevado. 6
—Frente redondeada. 9
6 —Proceso frontal redondeado. 7
—Proceso frontal bífido en su extremo. 8
7 —Dientes mandibulares con bordes dentados. *Ephoron* **IXA**-7
—Dientes con bordes lisos. *Hexagenia* **IXA**-6
8 —Dientes mandibulares con bordes minúsculamente dentados. *Pentagenia* **IXA**-3, (6)
—Dientes mandibulares con bordes lisos. *Ephemera* ▲ **IXA**-2, (6)
9 —Cabeza fuertemente deprimida; ojos dorsales; branquias laminares. *10*
—Cabeza no muy deprimida; ojos laterales; branquias de estructura variable. *19*
10 —Láminas branquiales simples, desnudas. *Arthroplea* ▲
—Láminas con filamentos branquiales agrupados en la base. *11*
11 —2 cercos. *12*
—3 cercos. *15*
12 —Con un par de pequeñas espinas dorsales en cada segmento abdominal. *Ironodes* **IXB**-(8)
—Sin estas espinas. *13*
13 —Con una línea mediodorsal de pelos en el abdomen. *Ironopsis* **IXB**-(8)
—Sin esta línea de pelos. *14*
14 —El primer y último par de branquias son claramente laterales. *Epeorus* ▲ **IXB**-(8)
—Primer y último par de láminas branquiales convergentemente ventrales *Iron* ▲ **IXB**-(8)
15 —Branquias del 7.° segmento reducidas a filamentos, que se van adelgazando hacia su ápice. *Stenonema* **IXB**-5
—Branquias del 7.° segmento aplanadas, al igual que las otras. *16*
16 —Cabeza saliente anteriormente; filamentos branquiales basales casi ausentes. *Cynigmula* **IXB**-(5, 12)
—Cabeza fuertemente saliente; filamentos branquiales bien desarrollados. *17*
17 —Branquias del primer segmento ensanchadas, vueltas hacia dentro y colocadas bajo el tórax. *Rhithrogena* **IXB**-5
—Branquias del primer segmento no ensanchadas, laterales. *18*
18 —Diente más interno de la mandíbula más o menos la mitad de largo que el otro. *Cynigma* **IXB**-(5, 12)
—El diente más interno al menos 3/4 la longitud del otro. *Heptagenia* ▲ **IXB**-(5)

LÁMINA IXA: NINFAS DE EPHEMEROPTERA

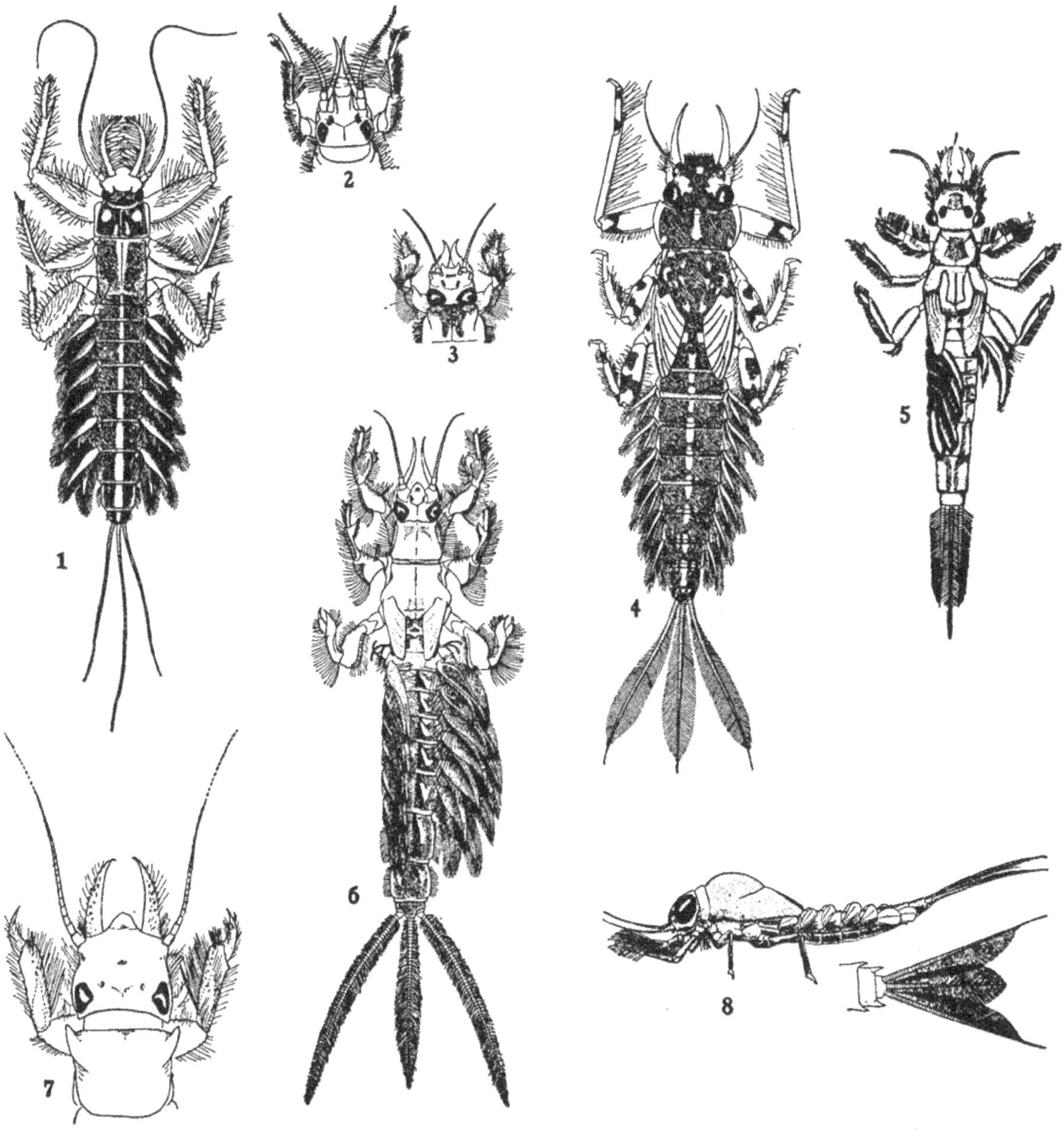

Figs.	*Género*	*Long.*	*Distr.*	*Aguas*	*Figs.*	*Género*	*Long.*	*Distr.*	*Aguas*
5.	**Campsurus**	17	S	quietas	6.	**Hexagenia**	27	E, C	quietas*
2, (6).	**Ephemera**	18	E	ambas	8.	**Isonychia**	15	G	lóticas
7.	**Ephoron**	15	E, C	quietas*	3, (6).	**Pentagenia**	24	E, C	quietas
1.	**Euthyplocia**	29	S		4.	**Potamanthus**	13	E, C	lóticas

* En los lodos de las cuencas de ríos, las condiciones son de aguas quietas. Dibujos principalmente de Kennedy.

19 —Branquias completamente escondidas bajo el escudo torácico, que está enormemente ensanchado. *Baetisca* **IXB**-10

—Branquias visibles externamente; escudo torácico normal *20*

20 —Cercos externos con franjas de sedas a ambos lados. *21*

—Cercos externos sólo orlados en su borde interno. *34*

21 —Los siete primeros segmentos abdominales con branquias. *27*

—Branquias ausentes en uno o más de estos segmentos. *22*

22 —Un par de branquias en forma de opérculo, o éstas ausentes en el segmento abdominal 2. Branquias dorsales. *23*

—Todas las branquias delgadas y libremente expuestas. *Ephemerella* ▲ **IXB**-6

23 —2.° segmento sin branquias. *24*

—Branquias presentes en el 2.° segmento. *Oreianthus* **IXB**-(1)

24 —Estuche de las alas posteriores presente. *25*

25 —Branquias de los segmentos 2 a 6, dobles; branquia opercular triangular. *Tricorythodes* **IXB**-(1)

—Branquias de los segmentos 2 a 6, simples; branquia opercular cuadrada. *26*

26 —3 tubérculos prominentes en el vértex de la cabeza. *Brachycerus* ▲ **IXB**-(1)

—Sin estos tubérculos. *Caenis* ▲ **IXB**-1

27 —Primer par de branquias diferentes de las siguientes. *28*

—Primer par branquial similar a los siguientes. *32*

28 —Branquias de los segmentos 2 a 7, simples,, con racimos de filamentos muy finos. *Habrophlebia* ▲ **IXB**-11, (14)

—Branquias de los segmentos 2 a 7, aplanadas y más o menos laminares. *29*

29 —Bordes de las branquias de los segmentos medianos con franjas de sedas. *Thraulus* ▲ **IXB**-(4)

—Bordes de estas branquias ampliamente lobulados o enteros. *30*

30 —Branquia del primer segmento, simple; las otras lobuladas en su ápice. *Choropteres* ▲ **IXB**-9,(4)

—Branquia del primer segmento, doble; las otras débilmente curvadas. *31*

31 —Branquias medianas anchas y lobuladas antes de la curvatura. *Blasturus* **IXB**-3,(4)

—Branquias medianas estrechas, adelgazándose uniformemente hacia su ápice. *Leptophlebia* ▲ **IXB**-7,(4)

32 —Espinas laterales en los segmentos 2 a 9. *Thraulodes*

—Espinas laterales en los segmentos 8 y 9 ó 9 sólo. *33*

33 —Borde dorsal posterior de los diez primeros segmentos finamente espinulosos. *Paraleptophlebia* ▲ **IXB**-7,(4)

—Borde finamente espinuloso solamente en los segmentos 7 a 10. *Habrophleboides* ▲ **IXB**-(4)

34 —Uñas de las patas delanteras distintas a las de las otras patas. *35*

—Todas las uñas iguales. *37*

35 —Uñas de las patas anteriores profundamente hendidas, de apariencia doble. *36*

—Uñas de las patas anteriores simples, largas y finas, y llevando unas cuantas cerdas debajo; coxas delanteras llevando un apéndice parecido a un pulgar en su cara interna. *Ametropus* ▲ **IXB**-(4)

36 —Palpos maxilares de 2 artejos; tarsos más largos que las tibias. *Metrotopus* ▲ **IXB**-(4)

—Palpos maxilares de 3 artejos; tarsos como máximo de la misma longitud que las tibias. *Siphloplecton* ▲ **IXB**-(4)

37 —Ángulos posterolaterales de los segmentos terminales del abdomen prolongados en espinas aplanadas. *38*

—Ángulos no muy prolongados y apenas más que agudos. *41*

38 —Patas delanteras conspicuamente franjeadas en su cara interna por una doble hilera de largas sedas; branquias en la base de las maxilas. *Isonychia* ▲ **IXA**-8

—Sin dichas franjas de sedas ni branquias en las maxilas. *39*

39 —Láminas branquiales simples en los segmentos abdominales 1 a 7. *40*

—Láminas branquiales dobles en algunos de estos segmentos. *Siphlonurus* ▲ **IXB**-2, (4)

40 —Segmentos abdominales 5 a 9 muy anchos, onisciformes. *Siphlonisca* **IXB**-(4)

—Estos segmentos normales. *42*

41 —Palpos maxilares con, más o menos, forma de pinza en su extremo; ápice de las lacinias adornado con espinas simples. *Parameletus* ▲ **IXB**-(4)

—Palpos maxilares normales en su extremo; parte apical de las lacinias adornada con espinas pectinadas. *Ameletus* ▲ **IXB**-4

42 —Láminas branquiales doblemente plegadas en algunos de los segmentos abdominales anteriores. *43*

—Láminas branquiales simples en su totalidad. *45*

LÁMINA IXB: NINFAS DE EPHEMEROPTERA

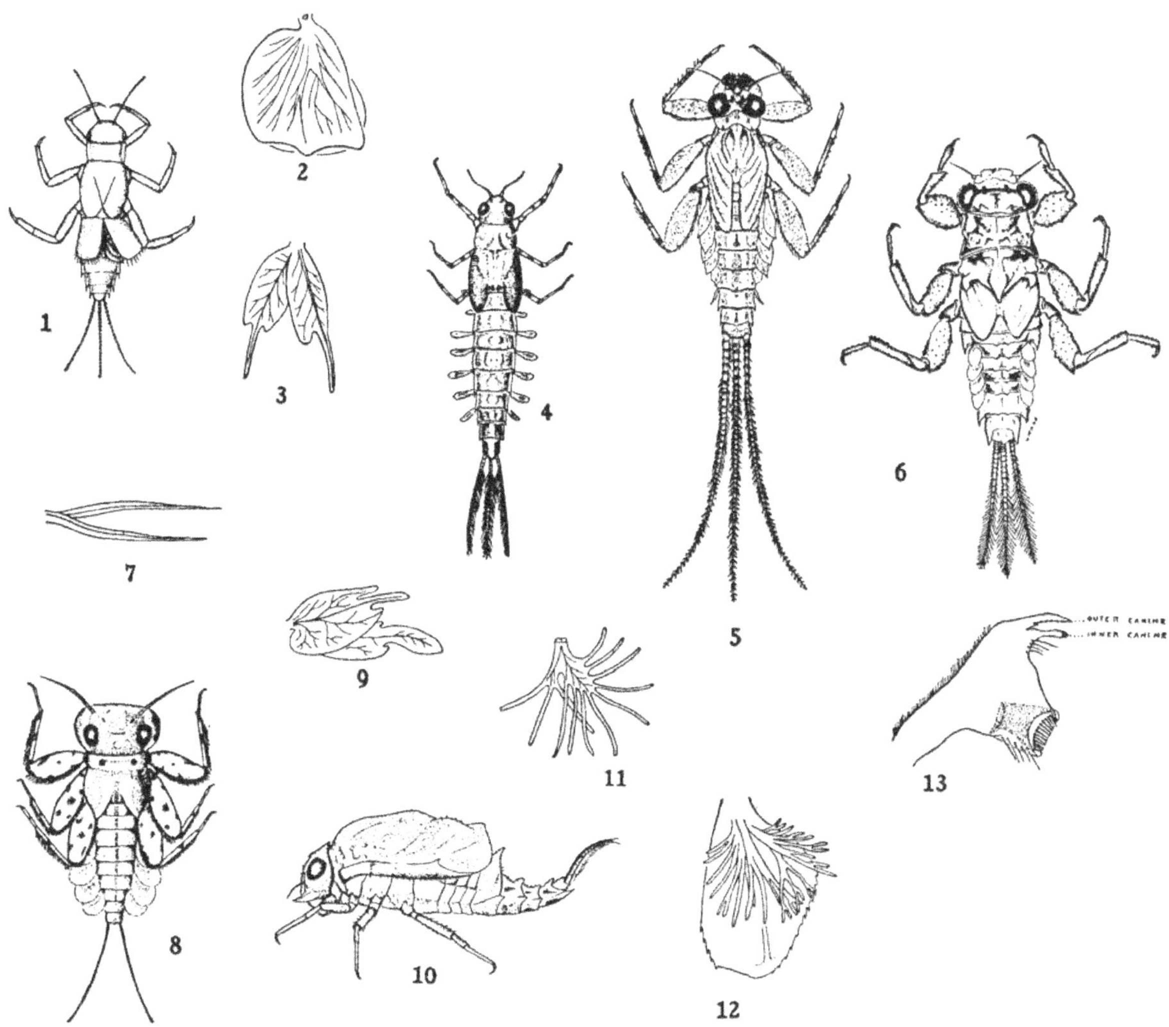

Figs.	*Género*	*Long.*	*Distr.*	*Aguas*
4.	Ameletus	9	G	ambas
(4).	Ametropus	15-17	SW	lóticas
(4).	Baetis	6	G	lóticas
10.	Baetisca	10	E, C	lóticas
(1).	Brachycercus	5-7	G	quietas
3, (4).	Blasturus	9	E	ambas
1.	Caenis	3	G	quietas
(4).	Callibaetis	9	G	quietas
(4).	Centroptilum	4	G	quietas
(4).	Cloeon	8	G	quietas
9, (4).	Choroterpes	7	G	lóticas
(5, 12).	Cynigma	8-9	NW	lóticas
(5, 12).	Cynigmula	7	N, W	lóticas
8.	Epeorus	8	G	lóticas
6.	Ephemerella	8-15	G	ambas
11, (4).	Habrophlebia	5	E	lóticas
(4).	Habrophlebiodes	6	E	quietas
5.	Heptagenia	10	G	lóticas
(4).	Heterocloeon	4	N, E	quietas
(8).	Iron	9	G	lóticas
(8).	Ironodes	15	W	lóticas
(8).	Ironopsis	15	NW	lóticas
7, (4).	Leptophlebia	7	G	ambas
(4).	Metretopus	10	N	quietas
(1).	Oreianthus	14-17	SE	lóticas
7, (4).	Paraleptophlebia	5-9	G	ambas
(4).	Parameletus	11-12	N	quietas
(4).	Pseudocloeon	2-4	G	quietas
(5).	Rhithrogena	10	W	lóticas
(4).	Siphlonisca	19-20	NE	quietas
(4).	Siphloplecton	11-16	N, E	quietas
2, (4).	Siphlonurus	11	G	quietas
5.	Stenonema	6-14	G	lóticas
(4).	Thraulus	6	N, W, S	quietas
(1).	Tricorythodes	4	G	lóticas

43 —Tráqueas de las láminas branquiales con ramificaciones pinnadas; con dos pares de esbozos alares. *Cloeon* ▲ **IXB**-(4)
—Tráqueas con ramificación palmatiforme; esbozos alares posteriores ausentes. *44*
44 —Cada hoja branquial doblada sobre la superficie ventral; palpos maxilares de 2 artejos. *Callibaetis* **IXB**-(4)
—Hojas branquiales dobladas sobre la superfiice dorsal de las láminas branquiales; palpos maxilares de 3 artejos. *Centroptilum* ▲ **IXB**-(4)
45 —2 cercos. *46*
—3 cercos (excepto en *Baetis bicaudatus*) *47*
46 —Esbozos de las alas posteriores presentes (muy pequeños). *Heterocloeon* **IXB**-(4)
—Dichos esbozos ausentes. *Pseudocloeon* **IXB**-(4)
47 —Cerco mediano más corto que los otros dos (excepto en *Baetis tricaudatus*). *Baetis* ▲ **IXB**-(4)
—Cerco mediano de igual longitud que los otros dos; último artejo de los palpos labiales anchamente dilatado. *48*
48 —Esbozos de las alas posteriores presentes. *Centroptilum* **IXB**-(4)
—Esbozos de las alas posteriores ausentes; tráqueas branquiales ramificadas solamente por un lado. *Neocleon*

EPHEMEROPTERAE

Polymitarcis (fam. Polymitarcidae). Semejante al género americano *Ephoron* (IX A-7), pero éste no está presente en Europa **IX C**-1).

Oligoneurella (fam. Oligoneuriidae). Familia no incluida en la clave de Needham. Tiene una forma particular, con sus patas anteriores ciliadas, las branquias laterales pequeñas y los segmentos abdominales con los ángulos posteriores dentiformes (**IX C**-2).

Ecdyonurus (fam. Ecdyonuridae). Semejantes a *Heptagenia* (IX B-5) del que se distinguen por sus branquias más ovales y redondeadas y por los ángulos posteriores del pronoto prolongados hacia atrás (**IX C**-3).

Procloeon (fam. Baetidae). Semejante a *Cloeon* (IX B-4) del que se diferencian por sus branquias sencillas y por tener el segundo artejo del palpo labial truncado (**IX C**-4).

LÁMINA IX C: EPHEMEROPTERAE

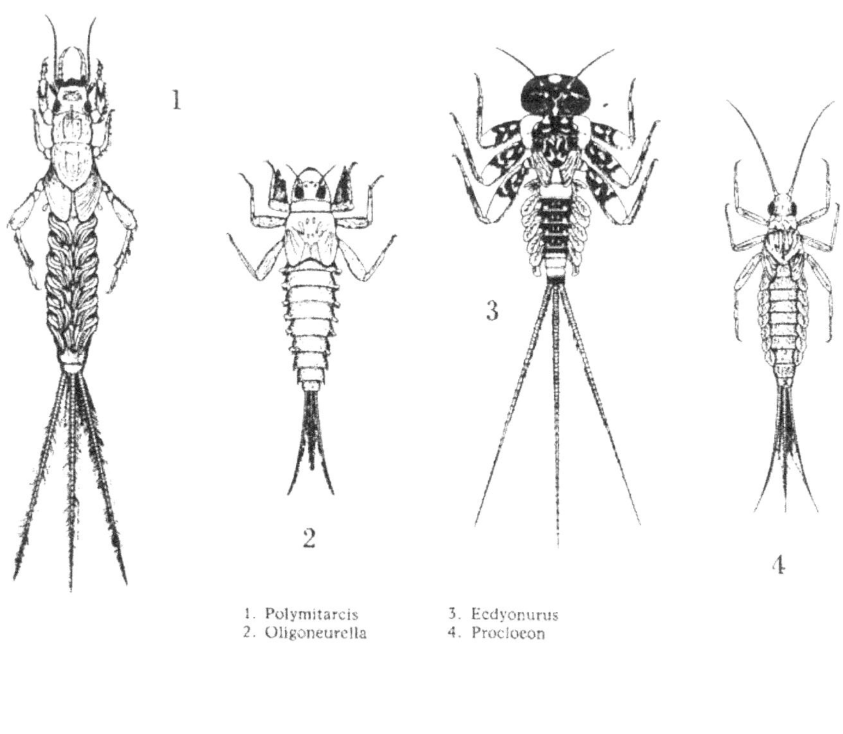

1. Polymitarcis 3. Ecdyonurus
2. Oligoneurella 4. Procloeon

BIBLIOGRAFÍA

Grandi, M.
1960) *Ephemeroidea.* Fauna d'Italia, vol. 3, 474 pp. Calderini, Bolonia.
Macan, T. T.
1970 *A Key to the Nymphs of British Species of Ephemeroptera.* F.B.A. Scientific publication, n.° 20, 68 pp.
Schoenemund, E.
1930 *Ephemeroptera.* De Tierwelt Deutschlands, 19-106 pp.

X

Ninfas de libélulas y caballito del diablo (Odonata)

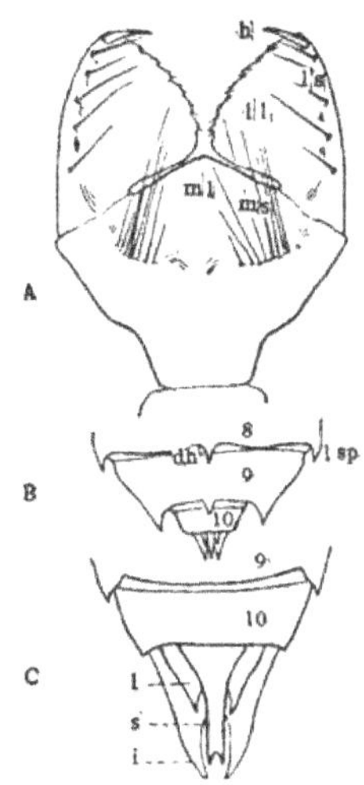

FIG. 3. Esquemas que explican los términos usados en la clave de los odonatos: *A* es el labio (de *Perithemis*), *ml* el lóbulo mediano, *ll* el lóbulo lateral, *ms* las sedas del mentón, *ls* las sedas laterales y *h* la uña.

B (Perithemis) y *C (Anax)* son extremos del abdomen vistos desde arriba; 8, 9 y 10 son los tres últimos segmentos, *dh* los espolones dorsales, *l sp* las espinas laterales, *l* lateral y *s* superior e *i* los apéndices inferiores.

CLAVE X: NINFAS DE ODONATOS

1 —Branquias en la parte interna del abdomen, el cual es robusto y acaba en unas espinas. (Suborden *Anisoptera*: libélulas). *2*
—3 láminas branquiales planas y verticales, situadas al final del delgado abdomen. (Suborden *Zygoptera*: caballitos del diablo). *43*
2 —Labio aplanado. *3*
—Labio en forma de cuchara, tapando la cara hasta los ojos. *20*
3 —Antenas cortas y gruesas. *4*
—Antenas delgadas y filiformes: AESCHNINAE. *13*
4 —Antena de 7 artejos: PETALURINAE. *Tachopteryx* **XA-1**
—Antenas de 4 artejos, siendo el 3.° el más largo. *5*
5 —10° segmento abdominal de la misma longitud que los demás tomados juntos. *Aphylla* **XA-2**
—El 10° segmento abdominal no es más largo que cualquiera de los otros segmentos. 6
6 —Patas medianas más próximas entre sí, en su base, que las patas anteriores. *Progomphus* **XA-8**
—Bases de las patas medianas no más próximas que las anteriores. *7*
7 —Estuches alares claramente divergentes. *Ophiogomphus* ▲ *Erpetogomphus* **XA-4**, (4)
—Estuches alares paralelos. *8*

LÁMINA XA: NINFAS DE LIBÉLULAS

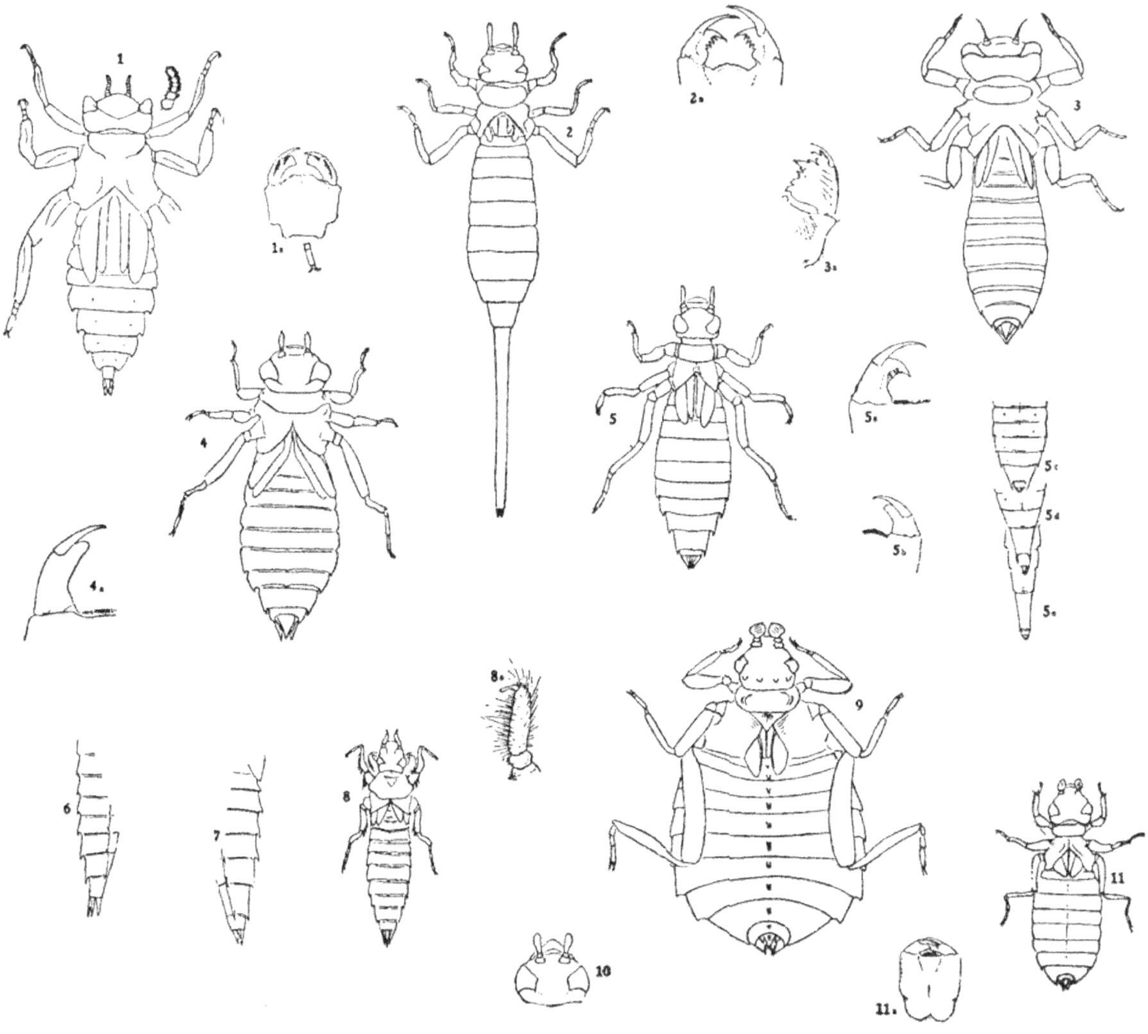

Figs.	*Género*	*Long.*	*Distr.*	*Aguas*	*Figs.*	*Género*	*Long.*	*Distr.*	*Aguas*
2.	Aphylla	45	S	quietas	(4).	Erpetogomphus	27	W	lóticas
3.	Cordulegaster	42	G	lóticas	11.	Lanthus	22	E	lóticas
7, (5).	Dromogomphus	33	E, C	lóticas	4.	Ophiogomphus	27	G	lóticas
5.	Gomphus	24–45	G	ambas	10, (11).	Octogomphus	23	W	lóticas
6, (5).	Gomphoides	34	SW	¿?	8.	Progomphus	30	G	lóticas
9.	Hagenius	40	E	quietas	1.	Tachopteryx	38	E	quietas

LÁMINA XB: NINFAS DE LIBÉLULAS

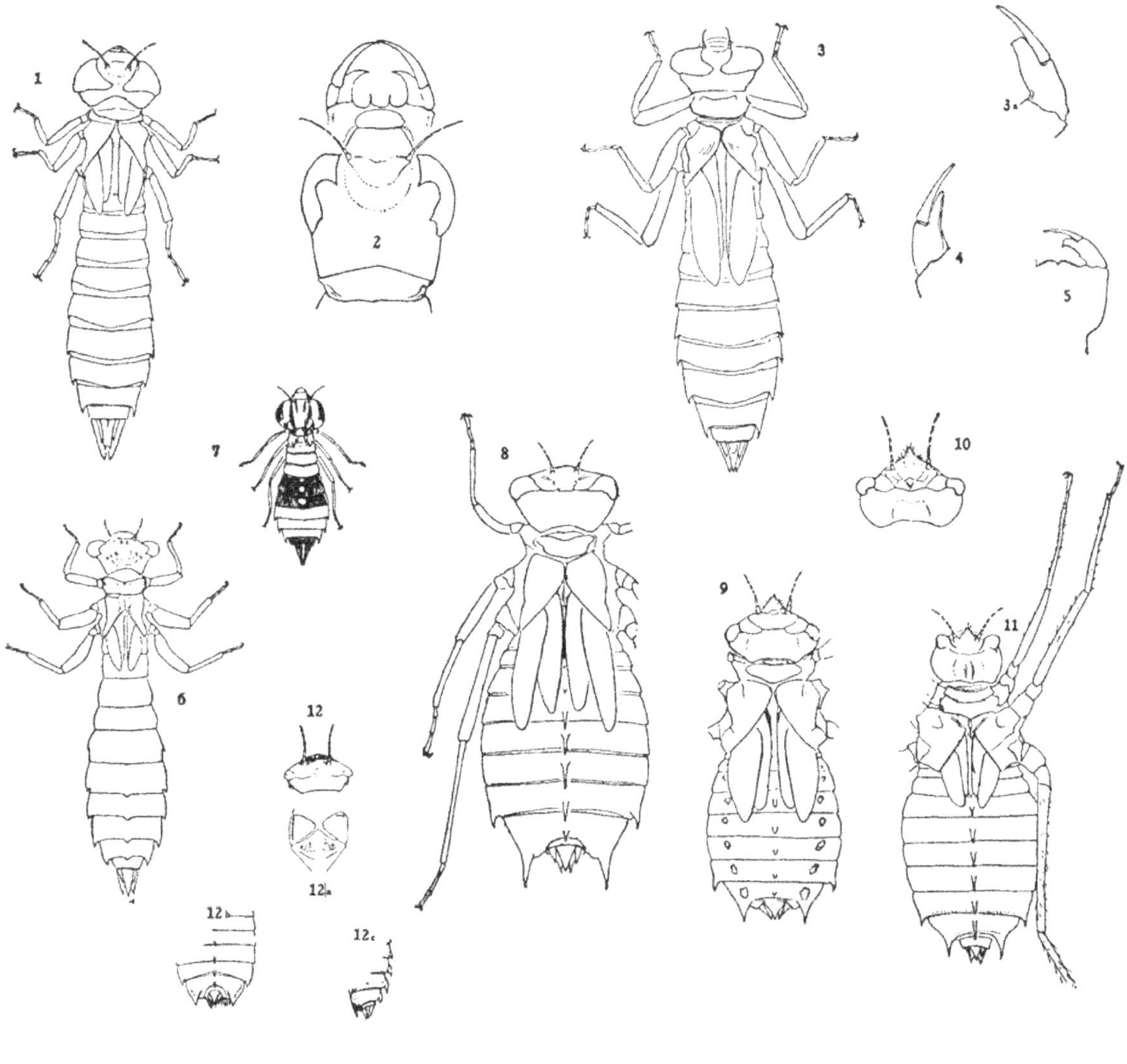

Figs.	*Género*	*Long.*	*Distr.*	*Aguas*
1.	Aeschna	45	G	quietas
7,* (1).	Anax	45	G	quietas
4, (3).	Basiaeschna	42	E	lóticas
3.	Boyeria	38	E	lóticas
2.	Coryphaeschna	52	SE	quietas
5.	Epiaeschna	48	E, C	quietas
(1).	Gynacantha	45	S	quietas
6.	Nasiaeschna	38	E, C	ambas
11.	Didymops	28	E	quietas
8.	Epicordulia	27	E, S	quietas
12.	Helocorulia	20	E	quietas
10, (11).	Macromia	32	G	quietas
9.	Neurocordulia	21	E, C	ambas
(8).	Tetragoneuria	22	G	quietas

* Ninfa joven; las bandas de color desaparecen más tarde.

Las ocho primeras son Aeschninae, de labio plano; las restantes son Cordulinae con labio en forma de cuchara.

En la n.º 2, las espinas laterales del abdomen están en los segmentos 7 a 9; en las 1, 5 y 7, en los segmentos 6 a 9; en las 4, 6 y 8, en los segmentos 5 a 9 y en la n.º 3 en los segmentos 4 a 9.

8 —Abdomen y tercer segmento antenal aplanados y casi circulares. *Hagenius* **XA-9**

—Abdomen y tercer segmento antenal más alargados. *9*

9 —Tercer segmento antenal delgado, aplanado y oval. *10*

—Tercer segmento más bien cilíndrico. *11*

10 —Tercer segmento antenal grandemente oval. *Lanthus* **XA-11**

—Tercer segmento antenal alargado. *Octogomphus* **XA-10, (11)**

11 —Espinas dorsales de los segmentos abdominales 6 a 9, largas y afiladas. *12*

—Espinas dorsales cortas y romas. *Gomphus* ▲ **XA-5**

12 —Apéndices laterales del abdomen, tan largos como los inferiores. *Gomphoides* **XA-6, (5)**

—Apéndices laterales más cortos que los inferiores. *Dramogomphus* **XA-7, (5)**

13 —Lóbulos laterales del labio armados de fuertes sedas utilizadas para la predación. *Gynacantha* **XB-(1)**

—Lóbulos laterales del labio sin estas sedas. *14*

14 —Ángulos posteriores de la cabeza agudos. *15*

—Ángulos posteriores de la cabeza redondeados. *17*

15 —Apéndices abdominales superiores mucho más cortos que los inferiores. *Coryphaeschna* **XB-2**

—Apéndices superiores mucho más cortos que los inferiores. *16*

16 —Lóbulos laterales del labio rectangularmente truncados en su extremo. *Boyeria* ▲ **XB-3**

—Lóbulos laterales del labio adelgazándose hacia el ápice. *Basiaeschna* **XB-4, (3)**

17 —Espinas laterales en los segmentos abdominales 7 a 9. *Anax* ▲ **XB-7, (1)**

—Espinas laterales en los segmentos abdominales 6 a 9. *Aeschna* ▲ **XB-1**

— Espinas laterales en los segmentos 5 a 9 o sólo en el 4.°. *18*

18 —Espinas dorsales débiles en los segmentos 7 a 9. *Nasiaeschna* **XB-6**

—Abdomen sin espinas dorsales. *Epiaeschna* **XB-5**

20 —Borde interno del lóbulo lateral del labio tosca y groseramente dentado. *Cordulegaster* ▲ **XA-3, 3a**

—Borde entero o con dientes iguales y regulares. *21*

21 —Cabeza con cuerno frontal alto. *22*

—Cabeza lisa o con una débil prominencia redondeada. *24*

22 —Espinas dorsales del abdomen agudas, aplanadas y afiladas. *23*

—Espinas gruesas y romas. *Neurocordulia* **XB-9**

23 —Cabeza ensanchada a la altura de los ojos. *Macromia* ▲ **XB-10, (11)**

—Cabeza ensanchada a la altura de la prominencia de los ángulos posteriores. *Didymops* **XB-11**

24 —Una espina dorsal en el 9.° segmento abdominal. *25*

25 —Labio con 5 sedas laterales. *26*

—Labio con 7 sedas. *27*

26 —Espinas laterales del 9.° segmento sobrepasando el ápice de los apéndices terminales. *Epicordulia*

—Dichas espinas, más cortas, no sobrepasando el ápice de los apéndices terminales. *Perithemis* **XC-15**

27 —Espinas laterales del 9.° segmento sobrepasando el ápice de los apéndices terminales. *Tetragoneuria* **XB-(8)**

—Espinas no sobrepasando el ápice de los apéndices terminales. *28*

28 —Aproximadamente unos 15 mm. de longitud. *Helocordulia* **XB-12**

—Longitud de unos 20 mm. *Somatochlora* ▲ **XC-7, (6)**

29 —Ojos laterales. *30*

—Ojos ocupando los ángulos anterolaterales de la cabeza, más bien frontales que laterales. *40*

30 —Apéndices abdominales fuertemente curvados; espinas laterales ausentes. *Erythemis* **XC-11**

—Apéndices abdominales rectos o muy poco curvados; espinas laterales presentes en los segmentos 8 y 9. *31*

31 —Espinas dorsales presentes. *32*

—Espinas dorsales ausentes. *34*

32 —Espinas del 9.° segmento muy largas. *Celithemis* **XC-10, (9)**

—Dichas espinas cortas o moderadamente largas. *33*

33 —Espinas dorsales tan largas como los segmentos en las que están insertas. *Leucorrhinia* ▲ *Dythemis* **XC-9, (9)**

—Espinas dorsales más cortas que los segmentos que las llevan. *Sympetrum** ▲ **XC-14**

34 —Abdomen glabro. *35*

—Abdomen peludo. *38*

Véase * de página siguiente.

35 —Espinas laterales muy cortas.	*Paltothemis*	**XC-(12)**
—Espinas laterales largas.	*36*	
36 —Espinas del 8.° segmento cortas; las del 9.° largas.	*Pachydiplax*	**XC-12**
—Espinas de los segmentos 8 y 9 de longitud similar y largas.	*37*	
37 —Dientes del margen interno del lóbulo lateral del labio, extremadamente cortantes.	*Pantala*	**XC-5**, (4)
—Dientes atrofiados.	*Tramea*	**XC-4**, 4a
38 —6 sedas laterales.	*Nannothemis*	**XC-13**
—7 sedas laterales.	*39*	
—De 8 a 10 sedas laterales.	*Erythrodiplax*	**XC-(14)**
—Más de 10 sedas laterales.	*Sympetrum* * ▲	**XC-14**
39 —Espinas laterales del segmento 9, 1/5 de la longitud del segmento.	*Cordulia* ▲	**XC-6**
—Estas espinas 1/3 de la longitud del segmento.	*Dorocordulia*	**XC-(6)**
40 —De 0 a 3 sedas laterales.	*Ladona*	**XC-8**, (1)
—De 5 a 10 sedas laterales.	*41*	
41 —Lóbulo mediano del labio de contornos regulares.	*Libellula* ▲	**XC-1**
—Lóbulo mediano con el margen anterior carinulado.	*42*	
42 —8 sedas laterales.	*Orthemis*	**XC-2**, (1)
—10 sedas laterales.	*Plathemis*	**XC-3**, (1)

NINFAS DE ZYGOPTERA

43 —Segmento basal de las antenas tan largo como los otros tomados juntos.	*44*	
—Segmento basal no más largo que cualquiera de los otros segmentos.	*45*	
44 —Lóbulo mediano del labio hendido hasta más allá de las bases de los lóbulos laterales.	*Agrion* ▲	**XD-1**
—Lóbulo mediano hendido sólo hacia la base de los lóbulos laterales.	*Hetaerina*	**XD-11**(1)
45 —Labio en forma de cuchara, estrechado en su mitad.	*46*	
—Labio adelgazándose regularmente hacia atrás del eje mediano.	*47*	
46 —Mentón del labio con 5 sedas a cada lado.	*Lestes* ▲	**XD-3**
—7 sedas a cada lado del mentón.	*Archilestes*	**XD-4** (3)
47 —Branquias la mitad de anchas que largas; sin sedas en el mentón.	*48*	
—Branquias no más de 1/3 de anchas que largas; sedas del mentón presentes.	*49*	
48 —De 1 a 4 sedas laterales.	*Argia*	**XD-2**
—Sin sedas laterales (ocasionalmente una).	*Hyponeura*	**XD-(2)**
49 —Ángulos posteriores de la cabeza agudos.	*50*	
—Ángulos posteriores redondeados.	*51*	
50 —Máxima anchura de las branquias, en su mitad; 1/3 de anchas que largas.	*Amphiagrion*	**XD-7**
—Máxima anchura hacia la parte distal; anchura igual a 1/6 de la longitud.	*Chromagrion*	**XD-5**, (7)
51 —Mentón del labio con 1 o 2 sedas.	*Nehalennia* ▲	**XD-9**, (6)
—Mentón con 3-7 sedas.	*52*	
52 —Branquias acabando en puntas en forma de cola.	*53*	
—Branquias romas o escasamente agudas.	*55*	
53 —Branquias con unas 6 franjas pardas.	*Zoniagrion*	**XD-8**
—Branquias con menos franjas o con ninguna.	*54*	
54 —Cuerpo de 18 mm de longitud.	*Teleallagma*	**XD-(6)**
—Longitud del cuerpo de 11 a 12 mm.	*Ischnura* ▲	**XD-6**
55 —Margen superior de la parte central de las branquias con unas muescas más allá de su mitad.	*56*	
—Muescas antes de la mitad de la branquia o ausentes.	*57*	
56 —Anchura de las branquias más de 1/3 de su longitud.	*Telebasis*	**XD-(6)**
—Anchura menor de 1/3 de la longitud.	*Coenagrion* ▲	**XD-(8)**
57 —Branquias con extremos redondeados.	*Hesperagrion*	**XD-(8)**
—Extremos angulosos o débilmente puntiagudos.	*58*	
58 —Branquias despigmentadas, delgadas.	*Anamalagrion*	**XD-10**, (6)
—Branquias más o menos fuertemente pigmentadas.	*Enallagma* ▲	**XD-8**

* Para las dos especies de *Sympetrum*, el *Tarnetrum corruptum* y el *T. illotum*, se ha creado el género nuevo *Tarnetrum*, que las clasifica ampliamente, cuyas ninfas carecen por completo de espinas en el abdomen. En las ninfas de la primera especie, de la seda 17 del mentón y las laterales 13 y 14. En la especie *T. illotum*, de la seda 13 del mentón y de la 9 lateral.

LÁMINA XC: NINFAS DE LIBÉLULAS

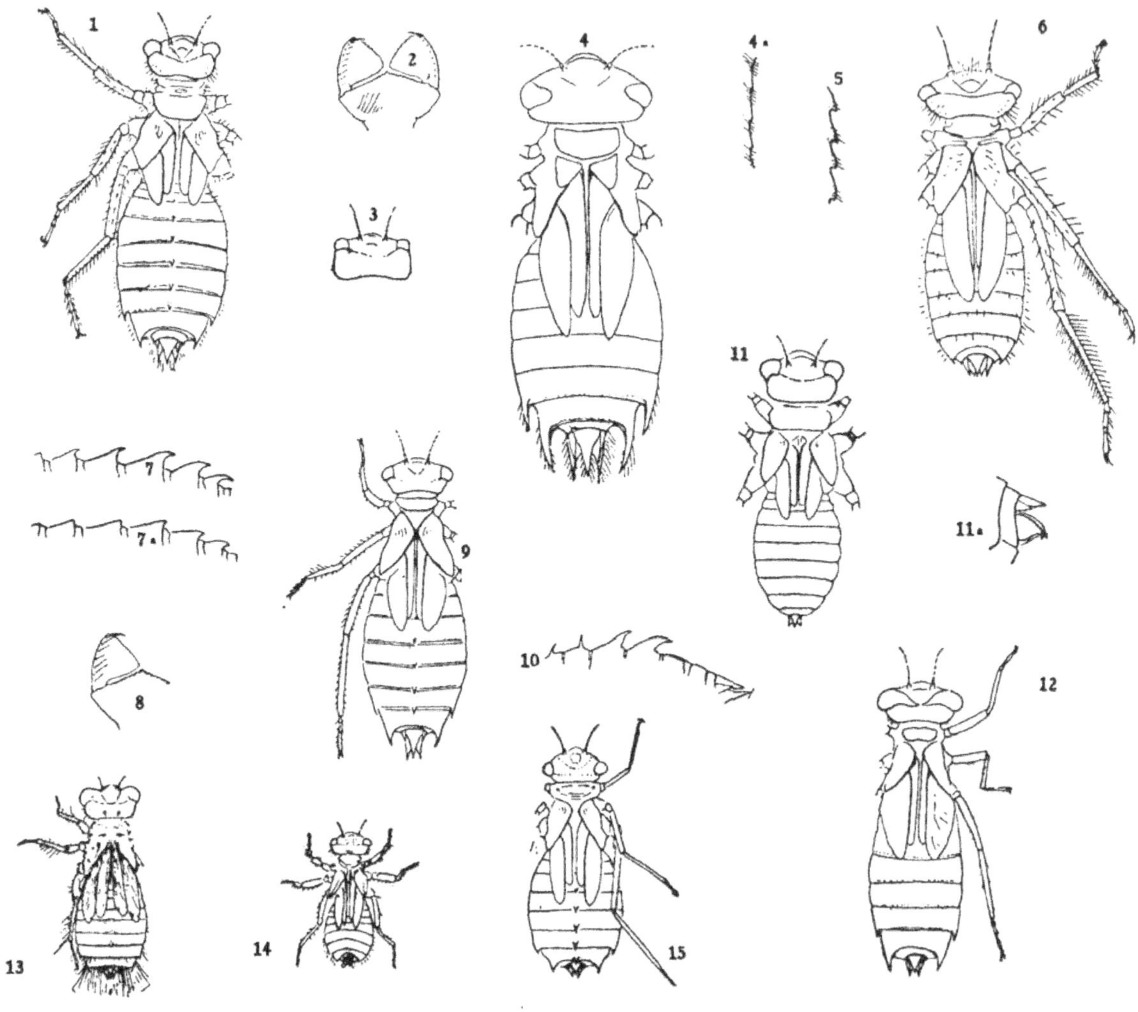

Figs.	Género	Long.	Distr.	Aguas	L. Sedas*
(9).	Celithemis	15-21	N, E, S	quietas	8-9
6.	Cordulia	22	N	quietas	7
(6).	Dorocordulia	20	N	quietas	7
(9).	Dythemis	17	SW	lóticas	10
11.	Erythemis	17	G	quietas	8
14).	Erythrodiplax	12-14	E, S	quietas	8-10
(1).	Ladona	22	E	quietas	6
9.	Leucorrhinia	18	E, N	quietas	10-11
1.	Libellula	22-27	G	quietas	5-10

Figs.	Género	Long.	Distr.	Aguas	L. Sedas
13.	Nannothemis	10	E, N	quietas	6
2, (1).	Orthemis	22	SW	quietas	8
12.	Pachydiplax	18	G	quietas	10
(12).	Paltothemis	23	SW		9
†5, (4).	Pantala	25	G	quietas	12-14
15.	Perithemis	15	SE	quietas	15
3, (1).	Plathemis	24	G	quietas	10
7, (6).	Somatochlora	26	E, N	quietas	6-7
14.	Sympetrum	13	G	quietas	9-14
4, 4a†.	Tramea	25	G	quietas	10-11

L. Seda = incluida la seda de predación del lóbulo lateral del labio.
Es el margen inferior dentado del lóbulo lateral del labio. Véase el detalle 4a de la lámina.

LÁMINA XD: NINFAS DE CABALLITOS DEL DIABLO

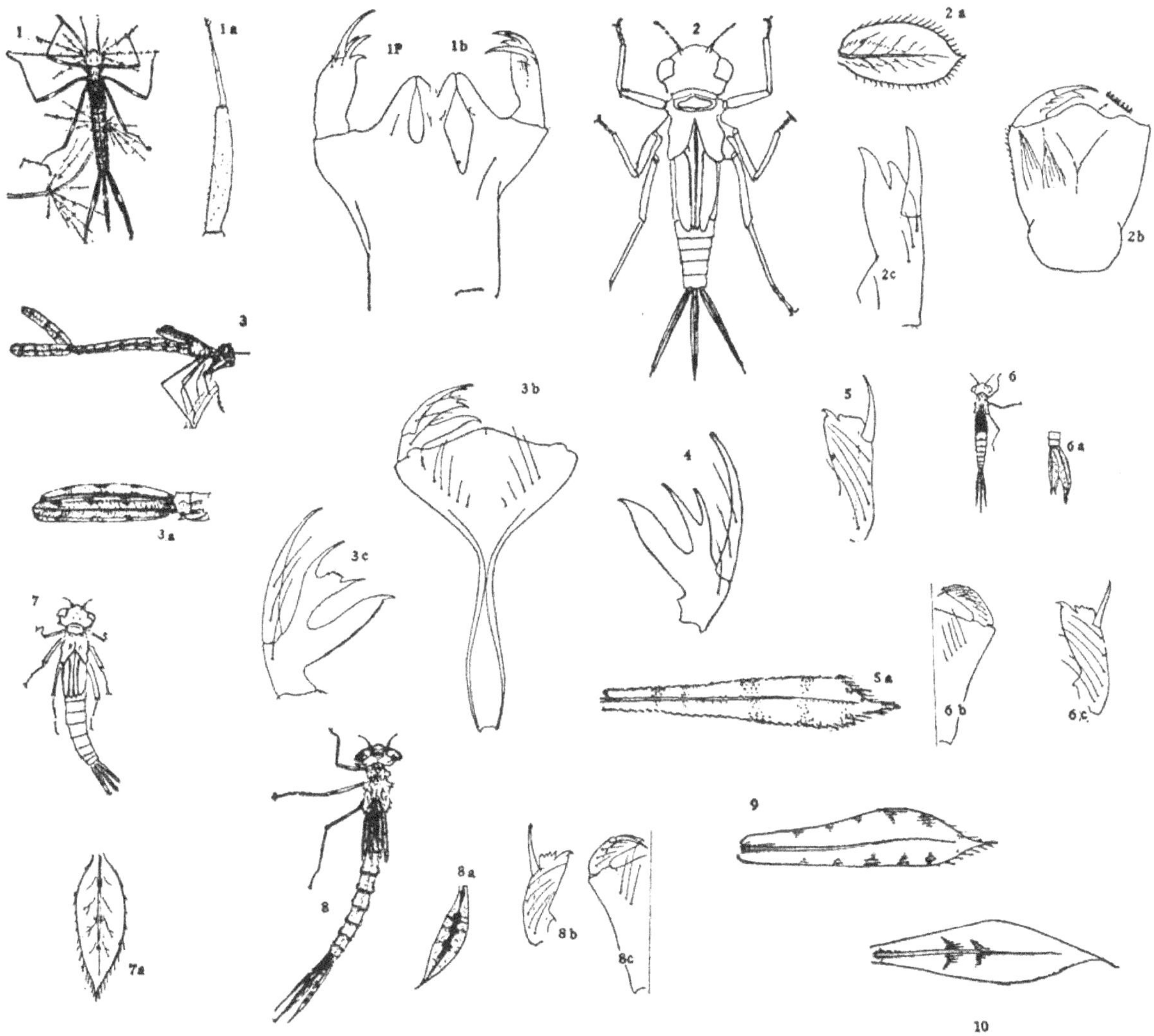

Figs.	*Género*	*Long.*	*Distr.*	*Aguas*	*Sedas** *L*	*M*
1.	Agrion	20	G	lóticas	0	0
7.	Amphiagrion	11	G	quietas	5-6	4
10, (6).	Anomalagrion	8	E, S	quietas	5	4
4, (3).	Archilestes	30	C, W	quietas	3	7
2.	Argia	12-17	G	ambas	1-4	0
(8).	Coenagrion	13	N	quietas	6-7	4-6
5, (7).	Chromagrion	12	E	quietas	5	3-4
8.	Enallagma	12-15	G	ambas	4-5	2-4
(8).	Hesperagrion	15	SW	quietas	6	3-4

Figs.	*Género*	*Long.*	*Distr.*	*Aguas*	*Sedas** *L*	*M*
11, (1).	Hetaerina	18	E, S, W	lóticas	0	0
(2).	Hyponeura	22	SW	lóticas	0-1	0
6.	Ischnura	11-13	G	quietas	5-6	4
3.	Lestes	20	G	quietas	3	5
9, (6).	Nehalennia	11	G	quietas	6	1
(6).	Teleallagma	18	SE	quietas	6	3
(6).	Telebasis	14	SW	quietas	5-7	2
(8).	Zonagrion	14	SW	quietas	5	3

* Las sedas de predación dentro del labio; L, lateral; M, sedas del mentón.

ODONATOS

Zygoptera

Sympecna (fam. Lestidae). Género próximo a *Lestes* (XD-3) del que se diferencia por su máscara subtriangular y por no tener el diente superior del palpo labial trilobado (**XE**-1). La máscara no sobrepasa hacia atrás la inserción de las patas posteriores.

Erythromma (fam. Coenagrionidae). Semejante a *Coenagrion* (XD-8), pero con las branquias largas y divididas en dos partes, la basal más corta y oscura que la distal que tiene bandas claras y oscuras alternas (**XE**-2). Antenas con 6 artejos.

Pyrrhosoma (fam. Coenagrionidae). Antenas con 7 artejos, las branquias sin división transversal y con manchas oscuras en la parte apical.

Anisoptera

Onychogomphus (fam. Gomphidae). Cercano a *Ophiogomphus* (XA-4), del que se diferencia por ser más pequeño y tener los segmentos 9 y 10 en visión ventral la misma anchura (**XE**-3, 4).

Brachytron (fam. Aeschnidae). Semejante a *Anax* (XB-1), pero con los ojos más pequeños, las apófisis supracoxales anteriores más largas que las posteriores y la máscara más pequeña. Sobre el borde posterior del noveno segmento abdominal existe un pequeño tubérculo.

Oxigastra (fam. Cordulidae). Muy parecido a *Cordulia* (XC-6), pero tiene tubérculos medio dorsales sobre los segmentos 5-7 y sólo 7 dientes redondeados en el borde distal del palpo labial (8-9 dientes en *Cordulia*).

Orthetrum (fam. Libellulidae). *Libellula* (XC-1) es el género más cercano a él, pero no tiene los bordes laterales paralelos y posee espina dorsal en el octavo segmento (sin espina en *Othetrum*). Este género tiene las espinas de los segmentos abdominales poco desarrolladas.

Selysiosthemis (fam. Libellulidae). Semejante a *Sympetrum* (XC-14), pero con la articulación entre mentón y submentón al nivel del segundo par de patas y con espinas medio dorsales en segmentos 3-8 (**XE**-5). Pirámide anal corta. Propia de las islas Baleares.

LÁMINA XE: NINFAS DE ODONATOS

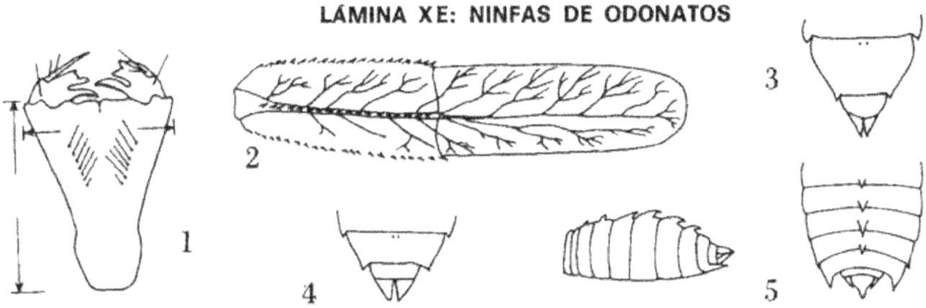

1. *Sympecna*, labio
2. *Erythromma*, lámina caudal
3. *Ophiogomphus*, pirámide anal y 9.° y 10.° segmento
4. *Onychogomphus*
5. *Selysiosthemis*, pirámide anal y segmentos abdominales

BIBLIOGRAFÍA: LIBÉLULAS Y CABALLITOS DEL DIABLO

Gloyd, Leonora K. y Mike Wright

1959 «Odonata». In Ward and Whipple, *Fresh-water biology*, 2.ª ed., W. T. Edmondson, ed., pp. 917-940. John Wiley & Sons, Inc. New York.

Needham, J. G. y Minter Westfall

1955 *Dragonflies of North America*. Univ. of Calif. Press, Berkeley, Calif., 615 pp.

Walker, E. M.

1953 *The Odonata of Canada and Alaska*. Vol. I, Parte I, Parte general II, The Zygoptera-damselflies, Univ. of Toronto Press, 292 pp.

Aguesse, P.

1968 *Les Odonates*. Faune de l'Europe Occidentale, du Nord de l'Afrique et des Iles Atlantiques. Vol. 4, 258 pp. Masson et Cie. París.

Benítez, A.

1950 *Los Odonatos en España*. Trabajos del Instituto Español de Entomología. Madrid.

Conci, C. y Nielsen, C.

1956. Fauna d'Italia. *Odonata*, vol. 1. Caldirini, Bolonia.

Robert, P. A.

1958 *Les libellules* (Odonates). Delachaux et Niestlé. Neuchatel et París.

XI

Chinches acuáticas (Hemiptera) *

CLAVE XI: HEMIPTERA

1 —Antenas más cortas que la cabeza. *2*
—Antenas tan o más largas que la cabeza, visibles. *6*
2 —Tarsos posteriores con uñas setiformes poco visibles (excepto en *Plea*, que mide menos de 3 mm. de longitud). *3*
3 —Cabezas solapándose sobre el dorso del tórax. Tarsos delanteros uniarticulados. CORIXIDAE
—Cabeza inserta en el tórax; tarsos delanteros normales: NOTONECTIDAE *10*
4 —Membrana de los hemélitros (alas delanteras) con nerviaciones reticuladas. *5*
—Membrana sin nerviaciones: NAUCORIDAE. *12*
5 —Apéndices del ápice del abdomen, largos y delgados; tarsos uniarticulados: NEPIDAE. *13*
—Apéndices cortos y aplanados, retráctiles: BELOSTOMATIDAE. *14*
6 —Cabeza y tórax de igual longitud, ambos alargados y de unos 10 mm: HYDROMETRIDAE (1 solo género). *Hydrometra* ▲ **XI-2**
—Cabeza más corta que el tórax, incluyendo el escutelo. *7*
7 —Por lo menos las uñas de los tarsos delanteros, claramente preapicales; segmento terminal del tarso, más o menos hendido. *8*
—Todas las uñas apicales; último segmento tarsal entero. *9*
8 —El fémur posterior se extiende más allá del ápice del abdomen; patas medianas y posteriores muy alejadas del primer par; rostro de 4 artejos: GERRIDAE. *17*
—Fémures traseros no extendidos mucho más allá del ápice abdominal; patas medianas más o menos equidistantes de los otros dos pares (excepto en *Rhagovelia*); rostro de 3 artejos: VELIIDAE. *23*
9 —Antenas de 4 artejos; membrana de las alas sin celdas; tarsos de tres artejos: MESOVELIIDAE (1 género). *Mesovelia* ▲ **XI-9**
—Antenas de 5 artejos; tarsos de 2 artejos: HEBRIDAE (2 mm de longitud). *Hebrus* ▲
10 —Patas bastante similares entre sí. *Plea* ▲ **XI-4**
—Patas desiguales; las traseras aplanadas y con franjas de sedas natatorias. *11*
11 —Último segmento de las antenas mucho más corto que el penúltimo. *Notonecta* ▲ **XI-3**
—Último segmento más largo que el penúltimo. *Buenoa* **XI-(3)**
12 —Margen anterior del protórax profundamente excavado para recibir la cabeza. *Ambrysus*
—Protórax no muy excavado. *Pelocoris* **XI-11**
13 —Cuerpo ancho, aplanado y oval; patas no extremadamente largas y delgadas; protórax mucho más ancho que la cabeza; fémures anteriores un poco más largos que las tibias. *Nepa* ▲ **XI-8**
—Cuerpo alargado y oval; patas no muy largas y delgadas; protórax un poco más ancho que la cabeza; fémures anteriores mucho más largos que las tibias. *Curicta*
—Cuerpo muy alargado; patas largas y delgadas; protórax más estrecho que la cabeza; fémures anteriores considerablemente más largos que las tibias. *Ranatra* ▲ **XI-7**
14 —Mesotórax con un fuerte surco medioventral; membrana de los hemélitros reducida. *Abedus* **XI-10**
—Mesotórax sin surco; membrana no reducida. *15*

* Según Hungerford, Kansas Univ. Sci. Bull., Vol. 11, 1919.

LÁMINA XI: CHINCHES ACUÁTICAS

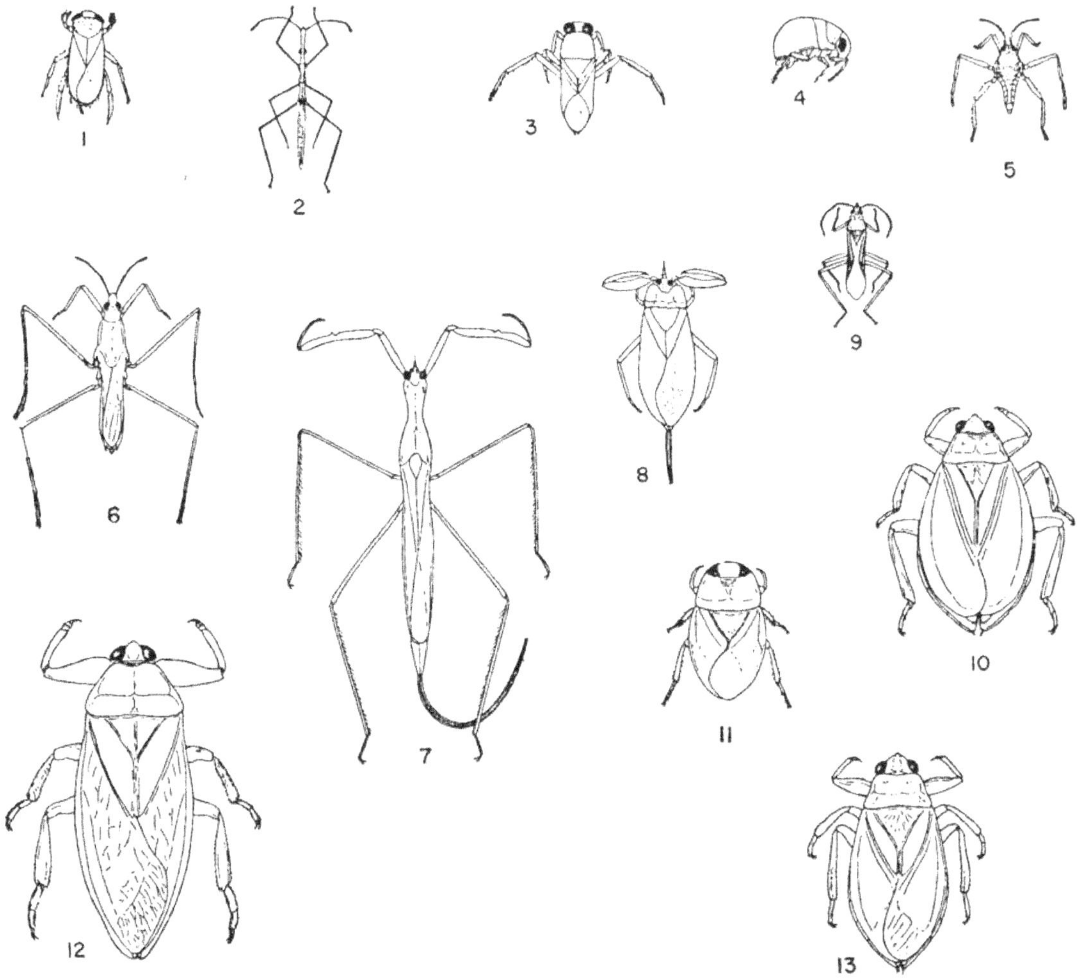

Figs.	*Género*	*Long*	*Distr.*	*Aguas*
10.	Abedus	25	G	quietas
13.	Belostoma	25	G	quietas
(12).	Benacus	37	G	quietas
(3).	Buenoa	6	G	quietas
6.	Gerris	15	G	ambas
1.	Hesperocorixa	6	G	quietas
2.	Hydrometra	10	G	quietas
12.	Lethocerus	37	G	quietas
9.	Mesovelia	5	G	ambas
8.	Nepa	16	E	quietas
3.	Notonecta	12	G	quietas
11.	Pelocoris	9	E	quietas
4.	Plea	3	EG	quietas
7.	Ranatra	30	G	quietas
5.	Rhagovelia	4	G	lóticas

15 —Segmento basal del rostro más largo que el 2.°; surco de la membrana alar casi o completamente recto; longitud entre 2 y 2,5 cm. *Belostoma* **XI**-13
—Primer segmento del rostro más corto que el 2.°; surco de la membrana alar poco profundo y en forma de S; longitud mayor de 4 cm. *16*

16 —Fémures anteriores escotados para recibir las tibias. *Lethocerus* **XI**-12
—Fémures anteriores no escotados. *Benacus* **XI**-(12)

17 —Parte posterior del borde interno de los ojos arqueada; cuerpo relativamente largo y estrecho; abdomen largo. *18*
—Parte posterior del borde interno de los ojos redondeado y convexo; cuerpo más bien corto y ancho con abdomen muy corto en algunas formas. *21*

18 —Pronoto sedeño; mate; antenas comparativamente cortas y anchas. *19*
—Pronoto glabro, brillante; antenas largas y delgadas. *Tenagogonus*

19 —Primer segmento de las antenas más corto que el 2.° y el 3.° tomados juntos. *20*
—Primer segmento más largo que el 2.° y el 3.° tomados juntos. *Gerris* ▲ **XI**-6

20 —Antenas tan largas como la mitad del cuerpo; 6.° segmento abdominal del macho redondeado en el ápice. *Limnoporus*
—Antenas más cortas que la mitad del cuerpo, no extendiéndose más allá del tórax; 6.° segmento abdominal del macho bífido en el ápice. *Gerris* ▲ **XI**-6

21 —Primer segmento de las antenas mucho más corto que los otros tres tomados juntos, no mucho más largo que el 2.° y el 3.° tomados juntos y a veces más corto. *22*
—Primer segmento casi igual que los otros tomados juntos, mucho más largo que el 2.° y el 3.° Antenas casi tan largas como todo el cuerpo; fémures traseros el doble de largos que las tibias. *Metrobates*

22 —Segmento apical (4.°) de las antenas más largo que el 3.°. *Trepobates*
—4.° artejo antenal, como máximo, igual al 3.°; segmento basal de los tarsos mucho más corto que el 2.°; fémures traseros iguales o mucho más cortos que las tibias y los tarsos tomados juntos. *Rheumatobates*

23 —El último segmento antenal es el más largo. *24*
—El más largo es el 1.°. *25*

24 —Ocelos contiguos con el margen interno de los ojos. *Macrovelia*
—Ocelos ausentes. *Microvelia* ▲

25 —Tercer segmento de los tarsos medianos hendido y con pelos plumosos colocados en dicha hendidura. *Rhagovelia*
—Tarsos intermedios no hendidos. *Velia* ▲

HEMÍPTEROS

Aphelocheirus (fam. Naucoridae). Semejante a *Pelocoris* (XI-11), pero sin tener los fémures anteriores ensanchados. Rostro muy largo y el último artejo antenar es el más largo (**XIA**-1).

Naucoris (fam. Naucoridae). Fémures comprimidos con rostro corto y siendo el penúltimo artejo antenar el más largo (**XIA**-2). También semejante a *Pelocoris*.

Anisops (fam. Notonectidae). Semejante a *Notonecta* (XI-3), pero más pequeño y con las patas posteriores más cortas (las tibias no sobrepasan el abdomen) y dirigidas hacia atrás (**XIA**-3).

Nychia (fam. Notonectidae). Similar al anterior, pero con los ojos prolongados en dos lóbulos sobre el pronoto (**XIA**-4).

LÁMINA XIA: HEMÍPTEROS

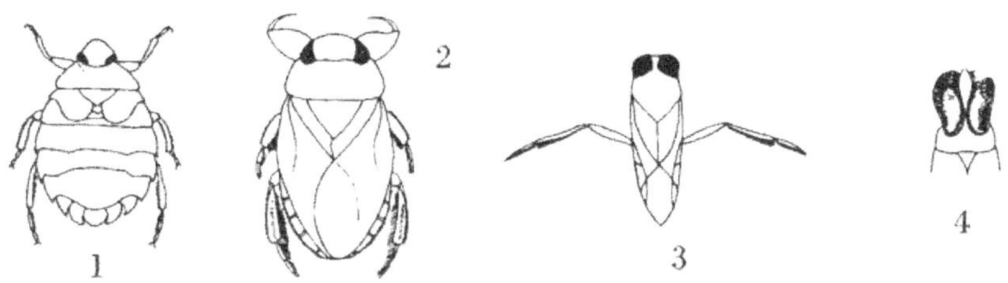

1. Aphelocheirus
2. Naucoris
3. Anisops
4. Nychia

BIBLIOGRAFÍA: HEMIPTERA

Usinger et al.
1956 *Aquatic insects of California*, University of California Press, Berkeley, 508 pp.

Hungerford
1948 *The Corixidae of the Western Hemisphere*, Univ. Kansas Sci. Bull. 32: 827.

Macan, T. T.
1956 *A revised key to the British Water Bugs* (Hemiptera-Heteroptera). F.B.A. Scientific Publication, 16.

Poisson, R.
1957 *Hétéroptères Aquatiques*. Faune de France, 61.

Vázquez, M. A. y J. A. de la Fuente.
1973 Claves para la identificación de los géneros de Hemípteros-Heterópteros de la región Paleártica. II - Hydrocorisae. Departamento de Zología. Cátedra de Artrópodos. Trabajo n.º 5, 20 pp. Madrid, junio de 1973.

XII

Larvas de frigáneas (Trichoptera)

CLAVE XII: LARVAS DE FRIGANEAS

1 —Larvas menores; en general, menos de 6 mm de longitud; abdomen normalmente más ancho que el tórax, sin branquias; algunas viven en una envoltura parecida a una bolsa: HYDROPTILIDAE (12 géneros).	*Leucotrichia*	**XII-1**
—Larvas grandes; abdomen aproximadamente de la misma anchura que el tórax; larvas libres o viviendo dentro de una envoltura o estuche.	2	
2 —Prolongaciones caudales separadas entre sí; sin envolturas portátiles excepto en la subfamilia Glossosomatinae; el resto libres o tejedoras de redes.	3	
—Prolongaciones caudales fusionadas, formando aparentemente un 10.° segmento; larvas constructoras de envolturas definidas.	7	
3 —Envoltura larval de forma parecida a un caparazón de tortuga; su parte superior cupuliforme, la inferior con una faja plana.	*Glossosoma* ▲	**XII-2, 3**
—Larvas libres o tejedoras de redes, depredadoras; solamente construyen envueltas pupales.	4	
4 —Larvas libres que permanecen adheridas a la superficie por tubos de seda; sin hileras de branquias espesas y densas; parte dorsal del 9.° segmento con un escudo esclerosado.	*Rhyacophila* ▲	
—Larvas constructoras de redes, viviendo en un lugar fijo; usualmente viven en aguas de flujo rápido; la red se derrumba fuera del agua.	5	
5 —Larvas viviendo en un tubo parecido a una telaraña, detrás de su red en forma de cedazo; larvas vermiformes, muy activas y con hileras de branquias espesas en el abdomen.	*Hydropsyche* ▲ *Cheumatopsyche* ▲	**VII-15**
—Larvas viviendo en tubos digitiformes o en forma de trompeta; sin branquias espesas.	6	
6 —Tubos larvales en forma de trompeta, abiertos en ambos extremos; el extremo anterior acampanado hacia fuera.	*Polycentropus* ▲	**XII-5**
—Tubos larvales largos, estrechos y digitiformes; extremo anterior fijo en el sustrato.	*Chimarrha* ▲ *Dolophilodes* ▲	**XII-4**
7 —Envolturas de arena, muy similares a conchas de caracol.	*Helicopsyche* ▲	**XII-12**
—Envolturas distintas a las anteriores.	8	
8 —Envolturas de arena con los márgenes lateral y anterior aplanados, quedando una estructura en forma de placa.	*Molanna* ▲	**XII-6**
—Envolturas distintas.	9	
9 —Envolturas de arena, largas, lisas y cónicas.	*Leptocella*	**XII-7**
—Envolturas distintas a las anteriores.	10	
10 —Envolturas mayormente de arena, pero a veces con delgadas piezas de madera a lo largo de los bordes; recta y cónica.	*Mystacides* ▲	**XII-8, 9**
—Envolturas distintas.	11	
11 —Envolturas de arena con piedrecitas, conchitas o materias vegetales. Cilíndricas o cónicas, en general débilmente curvadas, de sección triangular o circular.	*Limnephilidae* ▲	**XII-10-14**
—Envolturas de materias vegetales.	12	

LÁMINA XII: VIVIENDAS LARVALES DE FRIGÁNEAS *

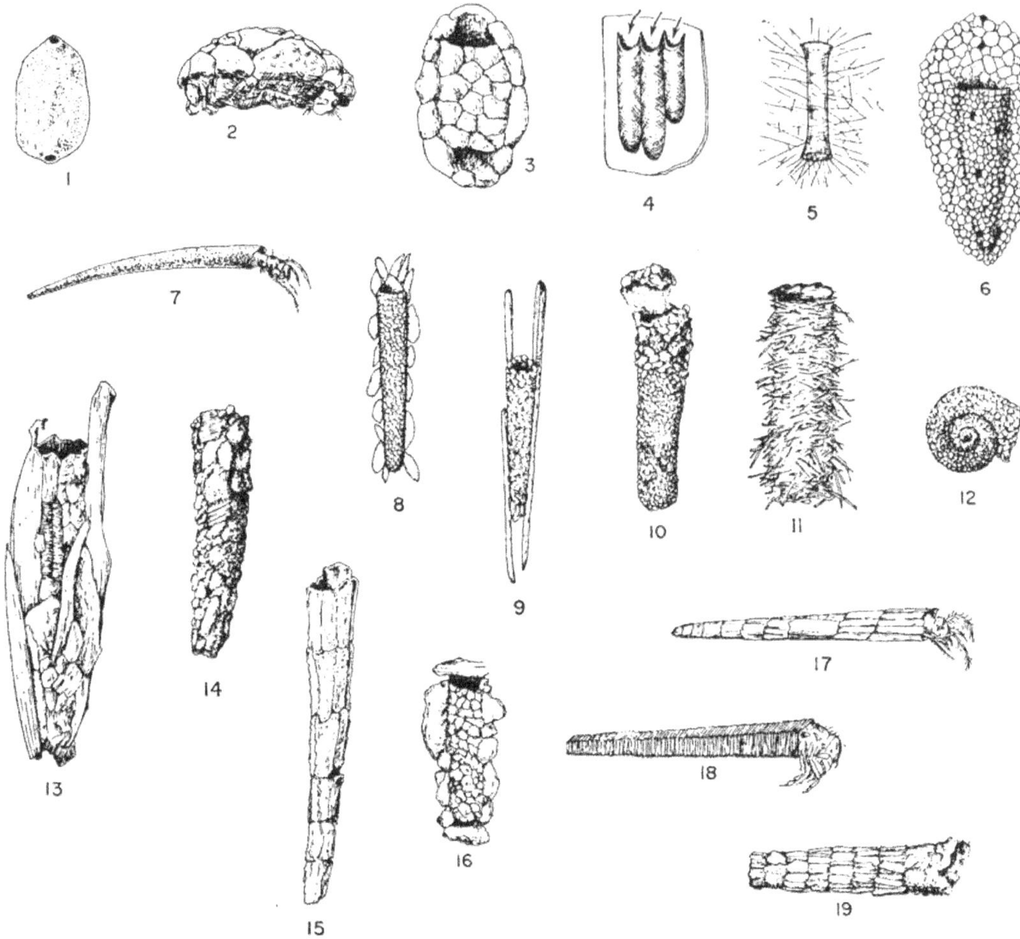

Figs.	*Género*	*Long.*	*Distr.*	*Aguas*
13.	Astenophylax	50	N.E.	lóticas
18.	Brachycentrus	12	G	lóticas
4.	Chimarra	8	G	lóticas
2, 3.	Glossosoma	9	G	lóticas
12.	Helicopsyche	6	G	lóticas
10.	Hesperophylax	10	G	lóticas
7.	Leptocella	11	G	ambas
1.	Leucotrichia	6	G	ambas
14.	Limnephilus	18	G	ambas
6.	Molanna	12	E	quietas
8, 9.	Mystacides	9	G	quietas
16.	Neophylax	12	G	lóticas
19.	Phryganea	30	G	ambas
11.	Platycentropus	24	E	lóticas
5.	Polycentropus	17	G	ambas
15.	Ptilostomis	50	E	ambas
17.	Triaenodes	8	G	quietas

* Para los gusanos en sí, véase la lámina VII-14, 15, 16.

12 —Envolturas de materias vegetales, de sección cuadrada. *Brachycentrus* ▲
—Envolturas de sección circular o triangular. *13*
13 —Envolturas de materias vegetales dispuestos en espiral. *14*
—Envolturas de la misma constitución, pero no dispuestos en espiral. *Ptilostomis* **XII**-15
14 —Envolturas rectas, más delgadas y largas que las larvas, con el extremo posterior cerrado. *Triaenodes* ▲ **XII**-17
—Envolturas rectas, voluminosas y con los 2 extremos abiertos; larvas de aguas quietas o lentas. *Phryganea* ▲ **XII**-19

TRICÓPTEROS

La variedad y densidad de larvas de este orden no tiene una representación suficiente en la clave de Needham. La clave basada en la forma y construcción de los estuches se limita a una descripción de familia, mientras que en cada género de sus claves pueden introducirse varios. Más de 50 géneros no se hallan incluidos en estas claves. Para completarlas, hemos dado además de la reseña genérica algunas formas de estuches (**XIIA**-17) y también un esquema de la esclerificación del tórax (**XIIA**-1-10).

Hydroptilidae
Existen 7 géneros europeos de la familia que construyen sus casas de diferente material. Algunos lo hacen con finas partículas de arena *(Hydroptila)*, otros con filamentos de algas (*Agraylea*,(**XIIA**-13) y otros simplemente de secreción con diversas formas(*Oxyethira*,(**XIIA**-11), *Ithytrychia*, (**XIIA**-12).

Rhyacophilidae
Además del género *Rhyacophila* y *Glossosoma* (XII-2) existen dos géneros de tamaño más pequeño (4-7 mm). *Agapetus* tiene el meso y metanoto con dos placas quitinosas(**XIIA**-2) y *Synagapetus* presenta sólo unas ligeras manchas.

Philopotamidae
Chimarrha (XII-4) es el género de esta familia incluido en las tablas que tiene como característico el borde asimétrico frontal de la cabeza. Otros dos géneros *Philopotamus* (VIII-14) más grande (20 mm)(**XIIA**-3)y *Wormaldia* más pequeño (7 mm) no se incluyen en la tabla de clasificación.

Polycentropidae.
Aparte de *Polycentropus*, existen otros cinco géneros europeos más que realizan sus casas de secreción. Esta familia presenta como característica destacable el color amarillo con los intensos puntos negros en la cabeza y protórax (**XIIA**-4).

Psychomyidae
Familia no incluida y, sin embargo, abundante. Semejante a las anteriores, pero formando casas de finos granos de arena(*Tinoides*, **XIIA**-16)que se pueden hallar en fuentes y ríos.

Odontoceridae
Odontocerum es muy característico por la esclerificación de su tórax(**XIIA**-7). Fabrica tubos de arena con pequeños granos.

Leptoceridae
Representada en las claves por *Triaenodes* (XII-7) y *Mystacides* (XII-8), pero otros géneros presentan estuches cercanos a los de *Lepadella* (XII-7) (género no europeo) como los géneros *Leptocerus* (**XIIA**-6) o *Adicella*.

Limnophilidae
Esta amplia familia (XII-10-14) (VII-16) comprende 15 géneros europeos muy comunes en toda clase de aguas. Algunas fabrican su estuche de materia vegetal (*Limnephilus*, **XIIA**-10,14), otros de material vegetal acumulado *(Stenophylax)* o pequeños granos de arena *(Potamophylax)*.

Goeridae
Los tres géneros de la familia construyen el estuche de forma semejante a la figura XII-6, es decir, con trozos de arena mayores en los lados, aunque esta figura no pretenece a un género europeo. La esclerificación del tórax es también particular (**XIIA**-9).

LÁMINA XII A: TRICÓPTEROS

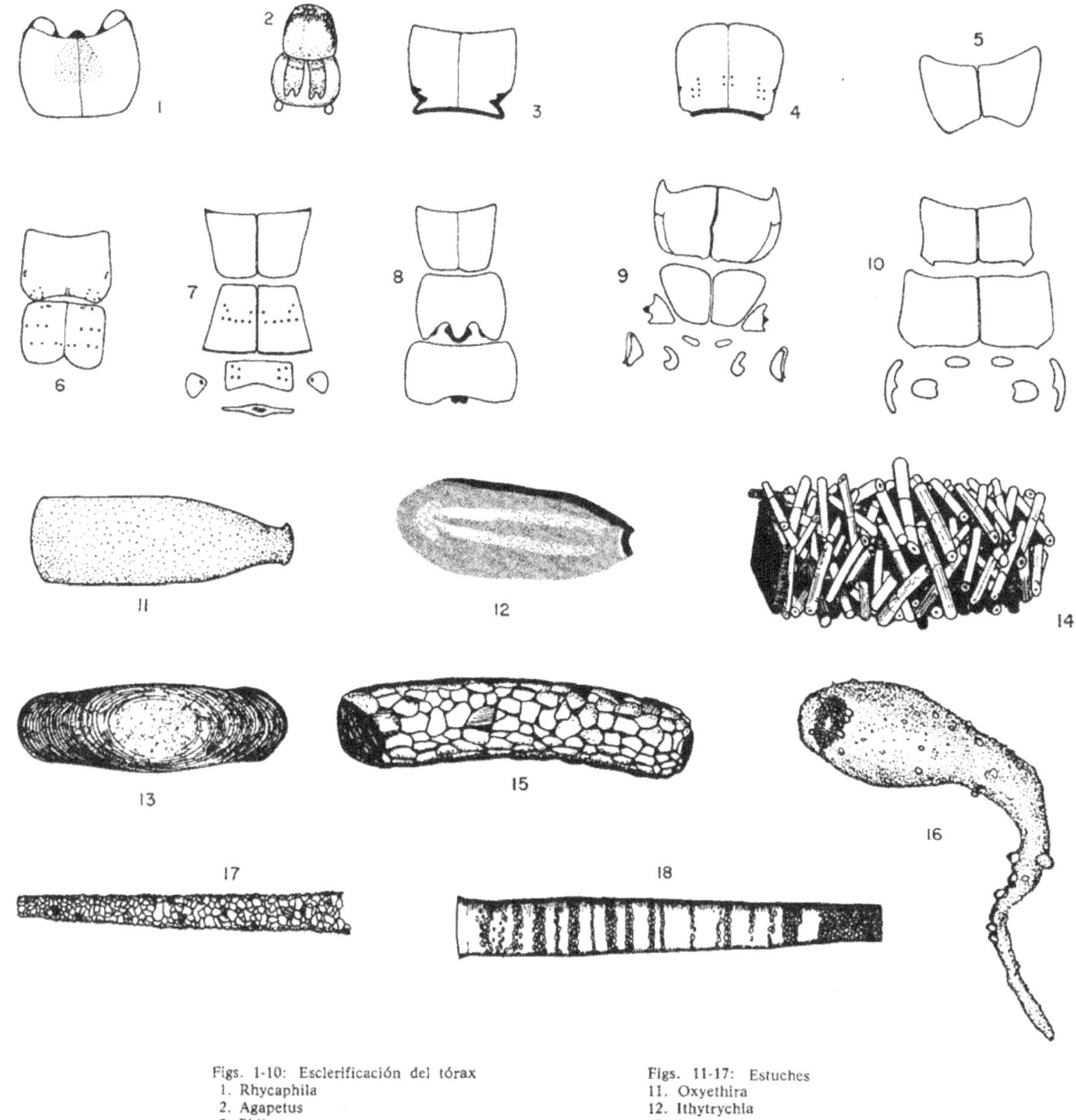

Figs. 1-10: Esclerificación del tórax
1. Rhycaphila
2. Agapetus
3. Philopotamus
4. Polycentropus
5. Phryganea
6. Triaenodes
7. Odontocerum
8. Hydropsidrae
9. Goera
10. Lemnophilus

Figs. 11-17: Estuches
11. Oxyethira
12. Ithytrychia
13. Agraylea
14. Limnophilus
15. Potamoplaylex
16. Tinodes
17. Oligopectrum
18. Micrasema

Branchycentridae

Aparte del género *Brachycentrus* (XII-18) existen los géneros *Oligopectrum* y *Micrasema* que forman su estuche en finos granos de arena o sólo de secreción (**XIIA**-17, 18).

BIBLIOGRAFÍA: TRICHOPTERA

Betten, Cornelius
1934 *The caddisflies or Trichoptera of New York State.* N.Y. State Mus. Bull. 292, 576 pp., 61 figuras texto, 67 láminas.

Denning, D. G.
1937 *The biology of some Minnesota Trichoptera.* Am. Ent. Soc. Trans. 63: 17-43. 45 figs.

Kawamura y Tsuda
1951 *Trichoptera larvae, reprinted from Illustrated pocket book of insect larvae.* Tokio.

Ross, H. H.
1944 *The caddisflies or Trichoptera of Illinois.* Ill. Nat. Hist. Sur. Bull, 23: 1-326, 961 figs.

Decamps, H.
1970 *Les larves de Brachycentridae (Trichoptera) de la Faune de France Taxonomie et Ecologie.* Annal. Limnol. 6: 1: 51-73.

Grenier, E., H. Decamps y J. Giudicelli
1969 *Les larves de Goeridae (Trichoptera) de la faune de France Taxonomie et Eco-*logie. Annal. Limnol. 5: 2: 129-161.

Hickin, N. E.
1967 *Caddis Larvae.* 476 pp. Hutchinson and Co. London.

Lepneva, S. G.
1970 *Fauna of the U.S.S.R. Trichoptera.* Vols. 1 y 2. Israel Program for Scientific Translation.

Schmid, F.
1952 *Contribution a l'ètude des Trichoptères d'Espagne.* Pirineos, 26: 627-695.

XIII

Diptera

CLAVE XIII: LARVAS DE TIPULIDOS

1	—Cabeza libre, cola larga y parcialmente retráctil.	*2*	
	—Cabeza empotrada dentro del protórax.	*3*	
2	—Color amarillo o pardo.	*Liriope*	**XIIIA**-24, 25
	—Color rojo herrumbre o negro.	*Bittacomorpha*	**XIIIA**- (24)
3	—Cuerpo con numerosas espinas, más largas que su propio diámero.	*Phalacrocera* ▲	**XIIIA**-29
	—Cuerpo sin espinas.	*4*	
4	—Disco espiracular al final del abdomen rodeado de 6-8 lóbulos.	*5*	
	—Disco rodeado de 5 o menos lóbulos.	*7*	
5	—Branquias anales ramificadas.	*Aeshnasoma*	**XIIIA**-27
	—Branquias anales simples, no ramificadas.	*6*	
6	—Lóbulos del disco orlados con largas sedas.	*Holorusia*	**XIIIA**-35
	—Lóbulos del disco sin pelos u orlados con cortas sedas	*Tipula* ▲	**XIIIA**-7,
7	—Cuerpo cubierto de prolongaciones foliares aplanadas.	*Triogma* ▲	
	—Cuerpo desnudo.	*8*	**XIIIA**-26
8	—Cuerpo deprimido; sin lóbulos en el disco espiracular.	*Elliptera* ▲	**XIIIA**-5,6
	—Cuerpo cilíndrico; disco espiracular con lóbulos.	*9*	
9	—Disco espiracular con 5 lóbulos.	*10*	
	—Con menos de 5 lóbulos.	*12*	
10	—Ribetes reptantes bajo los segmentos abdominales.	*Helius* ▲	
	—Sin ellos.	*11*	
11	—Color verde.	*Erioptera* ▲	**XIIIA**-12
	—Otro color.	*Trimicra* ▲	**XIIIA**-13
12	—Disco del espiráculo con 4 lóbulos.	*13*	
	—Disco con 2 lóbulos.	*16*	
13	—Disco del espiráculo delimitado superiormente por una cresta. Franjas de pelos cortas.	*Hexatoma* ▲	**XIIIA**-23
	—Disco del espiráculo no delimitado por una cresta; franjas de pelos largas.	*14*	
14	—Disco con el margen superior desnudo.	*Eriocera* ▲	**XIIIA**-20-22
	—Disco con el margen superior hirsuto.	*15*	
15	—Borde inferior del disco del espiráculo, rayado de negro.:gro.	*Pilaria*	**XIIIA**-9-11
	—Borde inferior, poco o nada rayado de negro.	*Limnophila* ▲	**XIIIA**-1-3
16	—Ribetes reptantes negros; espiráculos invisibles.	*Antocha* ▲	**XIIIA**-17-19
	—Los ribetes reptantes, cuando se encuentran, no son negros; espiráculos claramente visibles.	*17*	
17	—Lóbulos largos y densamente revestidos de largos pelos.	*Pilaria*	**XIIIA**-9-11
	—Lóbulos desnudos o casi desnudos.	*18*	
18	—Lóbulos delgados y acuminados; segmentos del cuerpo con hileras transversales de cerdas.	*Rhapidolabis*	**XIIIA**-28
	—Lóbulos más cortos y romos; segmentos del cuerpo glabros.	*19*	
19	—Branquias anales con 2 segmentos muy desiguales.	*Pedicia* ▲	**XIIIA**-30-31
	—Branquias anales divididas en un mayor número de segmentos más o menos iguales.	*20*	
20	—Espiráculos separados por una distancia igual a su propia anchura.	*Tricyphona* ▲	**XIIIA**-4
	—Espiráculos separados por una distancia igual al doble de su diámetro.	*Dicranota* ▲	**XIIIA**-14-16

LÁMINA XIII A: LARVAS DE DIPTERA

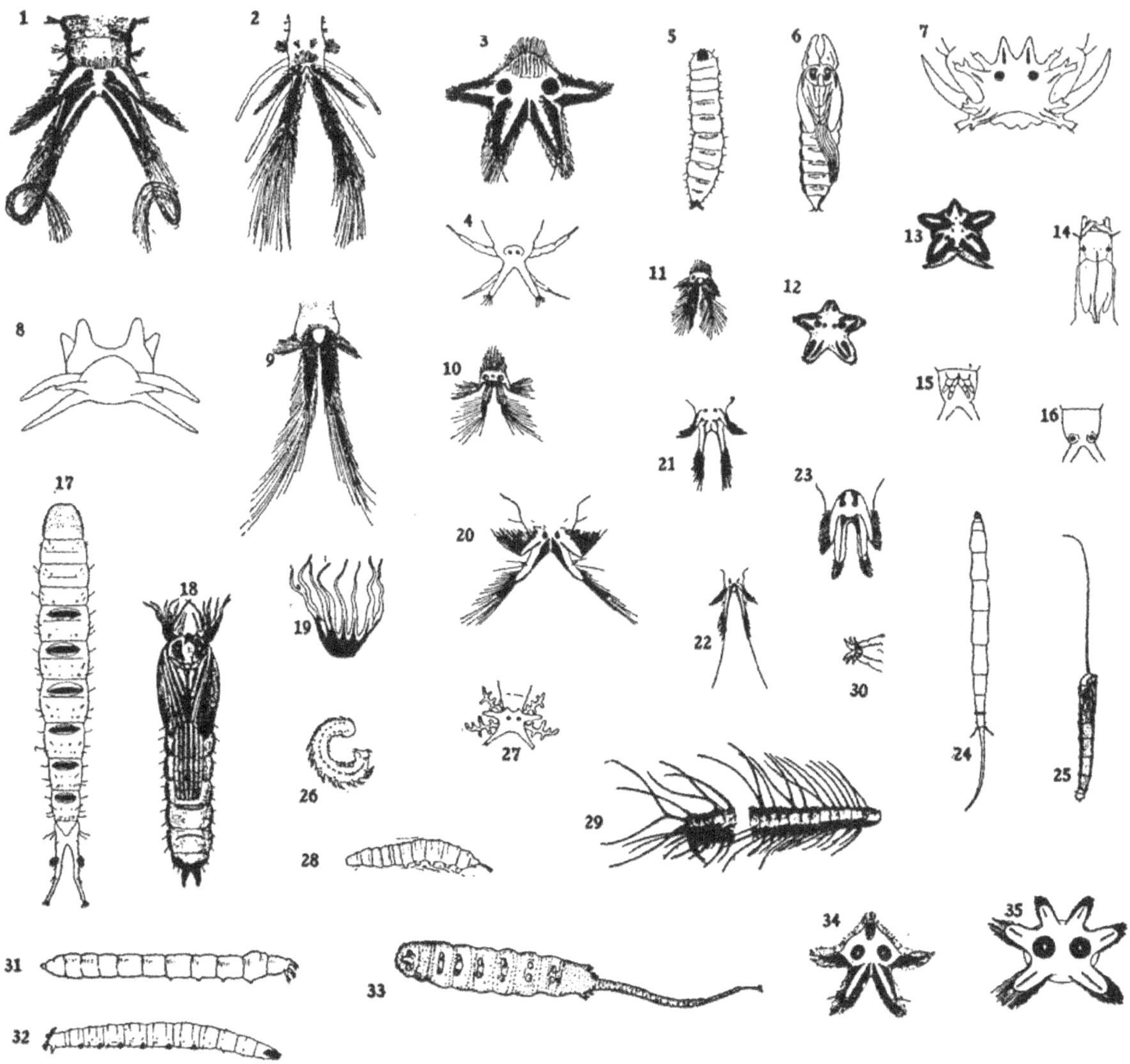

Figs.	*Género*	*Long.*	*Distr.*	*Aguas*	*Figs.*	*Género*	*Long.*	*Distr.*	*Aguas*
27.	Aeshnasoma	45	NE	lóticas	1, 2, 3.	Limnophila	15	G	ambas
17-19.	Antocha	10	G	lóticas	24, 25.	Liriope	31	G	quietas
(24).*	Bittacomorpha	32	E	quietas	30, 31.	Pedicia	42	E, W	ambas
14-16.	Dicranota	18	NE	quietas	29.	Phalacrocera	25	NE	quietas
5, 6.	Elliptera	7	W	lóticas	9-11.	Pilaria	16	E	quietas
20-2 2.	Eriocera	25-45	G	lóticas	28.	Rhaphidolabis	9	G	lóticas
12.	Erioptera	10	G	ambas	7, 8.	Tipula	16-55	G	ambas
33.	Eristalis	9	G	ambas	4.	Tricyphona	17	E	ambas
32, 34.	Helius	10	G	ambas	13.	Trimicra	15	G	lóticas
23.	Hexatoma	14	G	ambas	26.	Triogma	19	E	¿?
35.	Holorusia	55	W	¿?					

Principalmente del Dr. C. P. Alexander. * Se diferencia por ser de color rojo orín.
La figura 33 es la larva en forma de rata de la mosca de las flores *Eristalis* (familia Syrphidae).

LÁMINA XIII B: MISCELÁNEA DE LARVAS

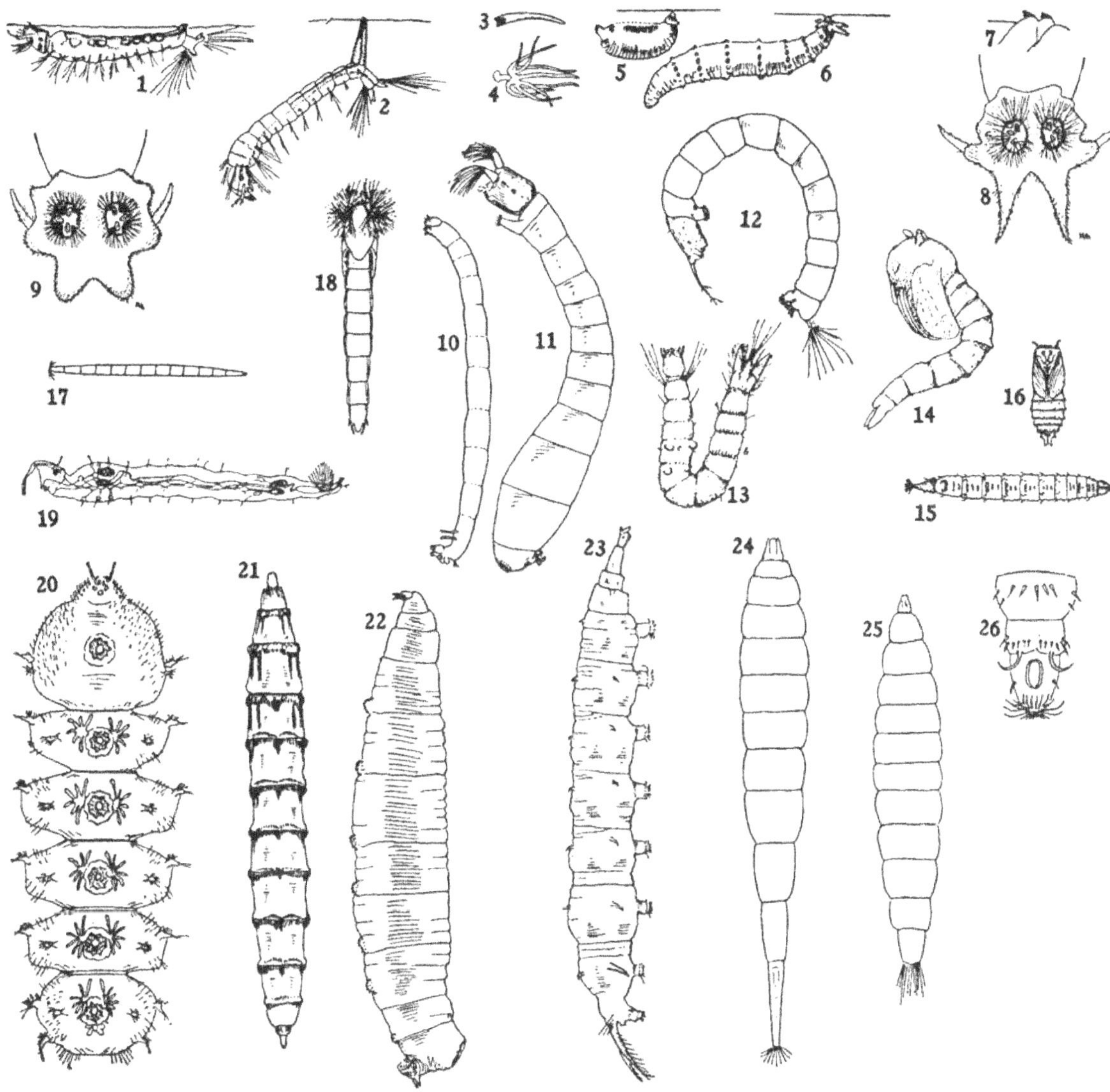

Figs.	*Género*	*Long.*	*Distr.*	*Aguas*	*Figs.*	*Género*	*Long.*	*Distr.*	*Aguas*
23.	Atherix	16	G	lóticas	25.	Odontomyia	12–50	G	quietas
1.	Anopheles	10	G	quietas	15, 16.	Psychoda	6	G	quietas
20.	Bibiocephala	10	W	lóticas	22.	Sarcophaga	14	E	quietas
(20)*a*.	Blepharocera	8	E, W	lóticas	5–8.	Sepedon	11	G	quietas
17.	Ceratopogon	5	G	quietas	11, 4.	Simulium	7	G	lóticas
19.	Chaoborus	8	G	quietas	24.	Stratiomys	27–40	G	quietas
10, 18.	Chironomus	2–22	G	ambas	21.	Tabanus	20–55	G	quietas
(21)*b*.	Chrysops	12	G	quietas	(12)*c*.	Tanypus	6	G	ambas
2, 3.	Culex	7–12	G	quietas	12.	Tanytarsus	3–7	N	ambas
13, 14.	Dixa	6–10	G	quietas	9(5.6).	Tetanocera	11	G	quietas
(25), 26.	Euparyphus	12	G	lóticas					

a Se distingue por la falta de procesos pedunculados laterales.
b Se distingue por tener el último artejo antenar más largo que el que le precede.
c Se distingue por faltarle el pedúnculo bajo la antena.

DÍPTEROS

Consideramos interesante para la clasificación de los dípteros la siguiente guía con las familias más importantes en la fauna europea.

1 —Cabeza bien visible con cápsula cefálica córnea en pocas ocasiones retráctil. NEMATOCERA. *2*
—Cabeza raramente visible, cápsula cefálica atrofiada: BRACHYCERA. *10*
2 —Cabeza bien visible no retráctil. *3*
—Cabeza poco visible, en ocasiones retráctil. Cuerpo con la parte final con una cúpula respiratoria rodeada de lóbulos dispuestos como rosetas. *Tipulidae*
3 —Cuerpo alargado, en ocasiones el tórax hinchado. La parte trasera con un sifón alargado característico. *Culicidae*
—Sin este sifón posterior. *4*
4 —Cuerpo con ventosas ventrales impares. *Blepharoceridae* **XIIIB-20-**
—Sin estas ventosas ventrales. *5*
5 Cuerpo cilíndrico, engrosado en su parte terminal, cabeza con apéndices en abanico. *Simulidae* **XIIIB-11,(4)**
—Cuerpo no engrosado y sin estos apéndices. *6*
6 —Cuerpo cilíndrico, alargado con dos seudópodos con uñas en la parte terminal y otro corto en el primer segmento abdominal. *Chironomidae* **XIIB-10,18**
—Sin estos seudópodos. *7*
7 —Cuerpo con abundantes apéndices torácicos y abdominales deprimido y con expansiones laterales o bien en otras formas completamente liso y sin apéndices ni expansiones de ninguna clase. *Ceratopogonidae* **XIIIB-17**
—Sin estas características. *8*
8 —Cuerpo cilíndrico, alargado con un seudópodo único posterior y con tubérculos en la cabeza. Típicos de fuentes. *Thaumaleidae* **XIIIC-(2)**
—Sin el seudópodo terminal. *9*
9 —Abdomen terminado en una cúpula respiratoria con 4 lóbulos. A menudo con placas quitinosas sobre el cuerpo. *Psychodidae* **XIIIB-15,16**
—Cuerpo cilíndrico, alargado terminado en punta afilada con sifón largo y a veces con seudópodos locomotores. *Ptychopteridae* **XIIIC-2**
10 —Cabeza algo desarrollada, en ocasiones visible. *Orthorrapha 11*
—Cabeza atrofiada, invisible, sin piezas rígidas. *Cyclorrapha 15*
11 —Cuerpo fusiforme, cabeza bien desarrollada no retráctil. Parte trasera con una corona de cilios característica. *Stratiomyidae* **XIIIB-24**
—Cabeza no desarrollada, sin corona de cilios. *12*
12 —Cuerpo con prolongaciones posteriores largas y peludas y con seudópodos. *Rhagionidae*
—Sin estos caracteres. *13*
13 —Cuerpo con seudópodos y prolongaciones posteriores, pero éstas son cortas y no peludas. *Empididae* **XIIIC-4**
—Cuerpo sin apéndices terminales. *14*
14 —Cuerpo con seudópodos en todas sus caras. *Tabanidae* **XIIIB-21**
—Abdomen con sólo seudópodos ventrales y extremidad posterior con lóbulos rectos triangulares rodeados de una cúpula respiratoria. *Dolichopodidae* **XIIIC-3**
15 —Abdomen con un largo tubo respiratorio. *Syrphidae*
—Abdomen con un tubo respiratorio doble. *Ephydridae* **XIIIC-5**
—Abdomen con lóbulos posteriores formando cúpula respiratoria. *Tetanoceridae* **XIIIB-9,(5),(6)**

BIBLIOGRAFÍA: DIPTERA

Alexander, C. P.
1942 *The Diptera or true flies of Connecticut.* Fasc. 1. Conn. State Geol. and Nat. Hist. Survey Bull., 64: 183-486.
Carpenter, S. J. y W. J. LaCasse
1955 *Mosquitoes of North America (North of Mexico).* Univ. of Calif. Press, 360 pp.
Curran, C. H.
1934 *The families and genera of North American Diptera.* Ballou Press, N.Y., 512 pp.

LÁMINA XIIIC: DIPTERA

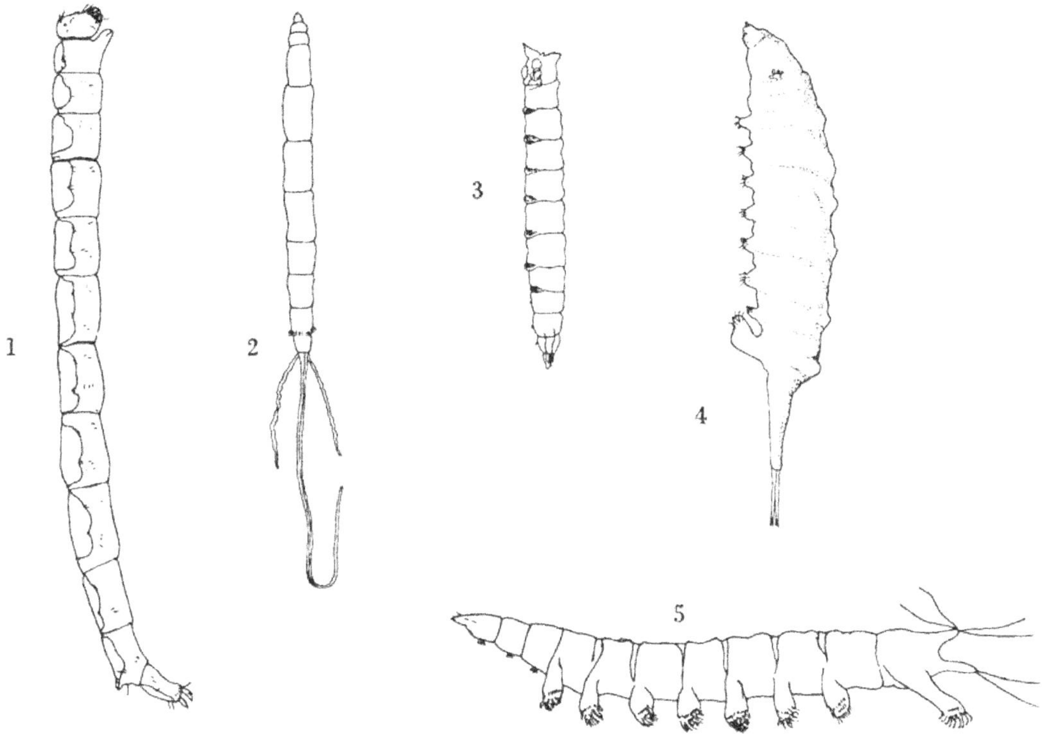

1. Thaumaleidae
2. Ptychopteridae
3. Dolichopodidae
4. Empididae
5. Eplaydridae

Johannsen, O. A.
1934 *Aquatic Diptera.* Parte I. Nemocera, exclusiva de Chironomidae y Ceratopogonidae. Cornell Univ. Agr. Exp. Sta. Mem., 164: 1-71.
1935 *Aquatic Diptera.* Parte II. Orthorrhapha-Brachycera y Cyclorrhapha. Cornell Univ. Exp. Sta. Mem., 177: 1-62.
1937a *Aquatic Diptera.* Parte III. Chironomidae: Subfamilias Tanypodinae, Diamesinae y Orthocladiinae. Cornell Univ. Agr. Exp. Sta. Mem., 205: 1-84.
1937b *Aquatic Diptera.* Parte IV. Chironomidae: Subfamilia Chironominae, y Parte V, Ceratopogonidae (de Lilian C. Thomsen). Cornell Univ. Agr. Exp. Sta. Mem., 210: 1-80.
Malloch, John R.
1915 *The Chironomidae, or midges, of Illinois, with particular reference to the species occurring in the Illinois River.* Bull. Illinois State Lab. Nat. Hist., 10: 275-543.
Matheson, Robert
1944 *Handbook of mosquitoes of North America,* 2.ª ed., Comstock Press, Ithaca, N.Y.
Quate, Larry W.
1955 *A revision of the Psychodidae (Diptera) in America north of Mexico.* Univ. Calif. Publs. Entomol. 10: 103-273.
Wirth, W. E. y A. Stone
1956 «Aquatic Diptera» en R. L. Usinger (ed.), *Aquatic insects of California,* Universidad de California Press, Berkeley, Calif., pp. 372-482.

XIV

Escarabajos (Coleoptera)

CLAVE XIVA: ADULTOS DE LOS ESCARABAJOS ACUÁTICOS MÁS COMUNES

1 —Primer esternito abdominal, visible, completamente dividido en su mitad por las cavidades coxales posteriores (en los HALIPLIDAE, las bases de los fémures posteriores y los 2 o 3 primeros esternitos están escondidos por las láminas coxales posteriores, que están ensanchadas. VII-4). *2*

—Primer esternito abdominal visible, no dividido, extendido ininterrumpidamente detrás de las cavidades coxales (si se encuentran 2 pares de ojos, ver GYRINIDAE). *7*

2 —2 pares de ojos; patas intermedias y traseras aplanadas; último par de tarsos plegados a modo de abanico. 3-16 mm. de longitud. GYRINIDAE ▲ **VII-1**

—1 par de ojos; patas intermedias y traseras útiles para marchar y nadar; último par nunca aplanado con tarsos plegados. *3* **XIVA-2**

3 —Coxas traseras ensanchadas en forma de 2 grandes láminas que cubren la mitad basal de los fémures posteriores y los 2 o 3 primeros esternitos abdominales. Longitud 1,75-5,5 mm. HELIPLIDAE ▲ **VII-4**

—Coxas traseras no ensanchadas. *4*

4 —Parte central del metasterno con un pequeño esclerito triangular delante de las coxas traseras; tarsos posteriores no aplanados ni con franjas de sedas, sino simples, como en los carábidos. 11-14,5 mm. de longitud. AMPHIZOIDAE **XIVA-2**

—Parte media del metasterno sin sutura transversa que delimite un esclerito triangular; tarsos posteriores claramente aplanados, normalmente con franjas de largas sedas. 5

5 —Tarsos delanteros, claramente de 5 artejos, el 4.° más o menos de la misma longitud que el 3.°; una línea dibujada desde la parte media anterior del prosterno hasta el final de la apófisis prosternal, se encuentra en un plano casi liso. 6

—Tarsos anteriores, aparentemente de 4 artejos, el verdadero 4.° segmento, diminuto, tapado por el ápice del 3.°; apófisis prosternal detrás de las coxas anteriores en un ángulo en el centro del prosterno, frente las coxas; 1,2-6 mm de longitud (subfamilia HYDROPORINAE). DYTISCIDAE ▲ **VII-3**

6 —Escutelo enteramente visible, como en XIVA-2, o si está escondido, entonces los tarsos posteriores tienen una uña impar recta y los artejos de los tarsos están lobulados por detrás, en el lado externo; tibias delanteras sin un fuerte espolón curvado en el ángulo apical externo. 4-35 mm. de longitud. DYTISCIDAE ▲ **VII-3**

—Escutelo escondido bajo la base de los élitres y del margen trasero del pronoto (XIVB-11); tarsos posteriores con 2 uñas delgadas y curvadas de igual longitud; lados de los tarsos casi paralelos; tibias anteriores con un espolón fuerte y curvado en el ángulo apical externo (XIVB-11) (excepto en *Notomicrus*, de menos de 1,5 mm de longitud); 1,2-4,5 mm de longitud. NOTERIDAE ▲

7 —Antenas cortas, con el 6.° segmento real, en forma de copa; los artejos siguientes forman una maza diferenciada y pubescente; los anteriores son simples y glabros; palpos maxilares casi siempre más largos que las antenas; cabeza generalmente con con una impresión en el vértex en forma de Y. *8*

—Antenas distintamente constituidas y más largas que los palpos maxilares; cabeza sin impresión en forma de Y. *9*

LÁMINA XIVA: ADULTOS Y LARVAS DE LOS ESCARABAJOS

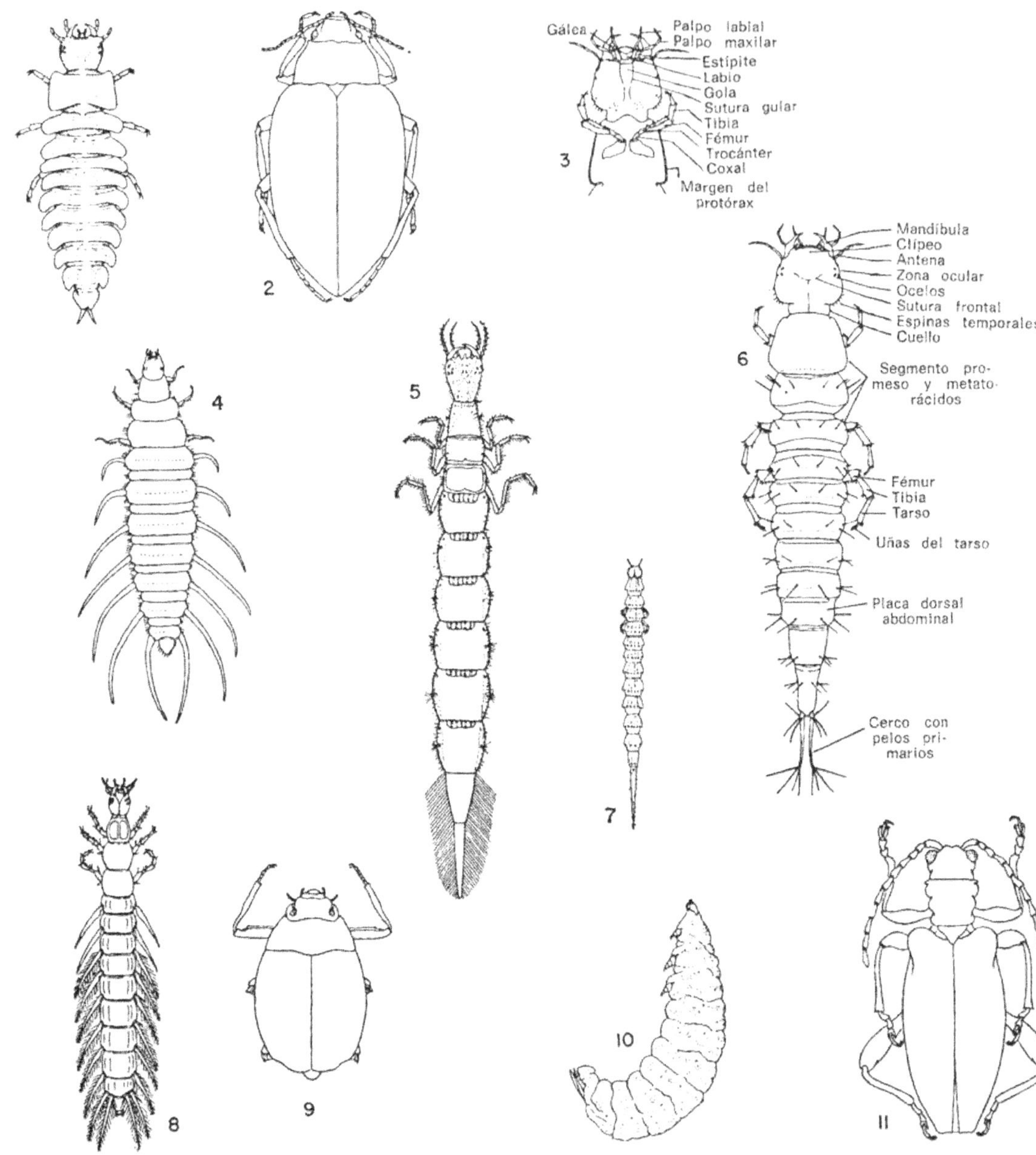

Figs.	*Género**	*Long.*	*Distr.*	*Aguas*	*Figs.*	*Género**	*Long.*	*Distr.*	*Aguas*
(6).	Agabus (l.)	10-15	G	ambas	10, 11.	Donacia (l. & a.)	10	G	quietas
1, 2.	Amphizoa (l. & a.)	12	W	lóticas	3, 6.	Dytiscid (l.)	70	G	ambas
4.	Berosus (l.)	10	G	ambas	(8).	Gyrinus (l.)	6-14	G	ambas
(6).	Colymbetes (l.)	22	G	ambas	7.	Haliplus (l)	10	G	ambas
5.	Cybister (l.)	75	G	quietas	(6).	Ilybius (l.)	11-15	G	quietas
8, 9.	Dineutus (l. & a.)	11-28	E, C	ambas	(6).	Rhantus (l.)	10-12	G	ambas

* a. = adulto; l. = larva.

8 —Maza antenal de 5 artejos pubescentes; escarabajos pequeños de no más de 2,5 mm de longitud. HYDRAENIDAE ▲ **XIVB-(13)**
—Maza antenal sólo de 3 artejos pubescentes, más allá de la cúpula; tamaño de 1,2-45 mm, aunque las especies próximas al milímetro de longitud son convexas y redondeadas. HYDROPHILIDAE ▲ **VII-2**
9 —Tarsos, de hecho, de 5 artejos, pero aparentando tener 4; 4.° artejo muy pequeño y casi cubierto por los lóbulos del 3.°, o igualmente pequeño y fusionado a la base del 5.°; los 3 primeros artejos dilatados y con almohadillas cubiertas de pelo debajo; 5-10 mm de longitud. CHRYSOMELIDAE ▲ **XIVA-11**
—Tarsos de 5 artejos o menos, pero sin ajustarse a la descripción anterior. *10*
10 —Coxas anteriores más o menos cónicas y salientes; margen posterior del protórax nunca carinulado; palpos maxilares más cortos que los 4 primeros segmentos de las antenas tomados juntos; 2,5-6 mm de longitud. HELODIDAE ▲
—Coxas anteriores de conformación variable; si son salientes, entonces el margen posterior del protórax está carinulado o los palpos maxilares son más largos que la mitad de las antenas. *11*
11 —6 o 7 esternitos abdominales; 2-5,5 mm de longitud. PSEPHENIDAE **XIVB-19**
—5 esternitos abdominales. *12*
12 —Coxas anteriores transversas, con trocánteres visibles; antenas generalmente cortas y aserradas; 3-8 mm. de longitud. DRYOPIDAE ▲ **VII-5**
—Coxas anteriores globulosas, casi siempre sin trocánteres; antenas generalmente delgadas; 1-8 mm de longitud. ELMIDAE ▲ **VII-5**

CLAVE XIVB: LARVAS DE LOS ESCARABAJOS ACUÁTICOS COMUNES

1 —Patas aparentemente de 5 artejos; tarsos con 2 uñas, excepto en los HALIPLIDAE que tienen una sola. *2*
—Patas aparentemente de 4 artejos; tarsos con una sola uña. *18*
2 —Todos los segmentos del abdomen con branquias laterales; 4 espinas en el extremo del abdomen: GYRINIDAE. *3*
—Abdomen sin 4 espinas apicales; branquias abdominales presentes o no. *4*
3 —Cabeza subcircular, cuello estrecho pero visible. DINEUTUS
—Cabeza alargada, cuello aproximadamente tan ancho como el resto de la cabeza. *Gyrinus* ▲ *(Gyretes)*
4 —Abdomen de 9 o 10 segmentos: HALIPLIDAE. 5 **VII-6, 7**
—Abdomen con 8 segmentos visibles. 6
5 —Abdomen de 9 segmentos; filamentos del cuerpo segmentados, cada uno de la mitad de la longitud del cuerpo. *Peltodytes* ▲ **VII-6**
— Abdomen de 10 segmentos; filamentos del cuerpo no segmentados, no mucho más largos que la longitud de un segmento del cuerpo. *Haliplus* ▲ *(Brychus)* ▲ **VII-7**
6 Cuerpo cilíndrico, como los Elatéridos, de no más de 12 mm de longitud; patas cortas, minadoras; larvas de muchos géneros, aún desconocidas. NOTERIDAE
—Cuerpo no cilíndrico, en parte aplanado y ensanchado, a menudo fuertemente adelgazado; patas más largas, marchadoras y/o nadadoras. *7*
7 —Cuerpo aplanado, lados torácicos y abdominales, grandemente expansionados en láminas; sutura gular mediana, simple: AMPHIZOIDAE. *Amphizoa* **XIVA-1**
—Lados del cuerpo no expansionados, en forma de láminas; sutura gular doble, al menos anteriormente: DYTISCIDAE. *8*
8 —Cabeza con una prominencia frontal o «trompa». *9*
—Sin dicha prominencia. *10*
9 —Prominencia frontal con una muesca a cada lado. *(Hygrotus* ▲, *Deronectes* ▲, *Oreodytes* ▲, en parte) *Hydroporus* ▲ **XIVB-6, 7**
—Prominencia frontal sin muescas o entalladuras. (*Hydrovatus* ▲, algunos *Oreodytes* ▲) *Bidessus* ▲ **XIVB-(7)**
10 —Estipes de los palpos maxilares anchas, subovales, normalmente con 1 o 2 fuertes dientes en su margen interno. *11*
—Estipes maxilares largos, delgados, sin dientes en su borde interno. *17*
11 —Segmentos abdominales 7 u 8, o ambos, con franjas enteras de largas sedas nadadoras. *16*
—Segmentos abdominales 7 y 8 sin franjas enteras especializadas de sedas nadadoras duras. *12*

LÁMINA XIVB: ADULTOS Y LARVAS DE LOS ESCARABAJOS

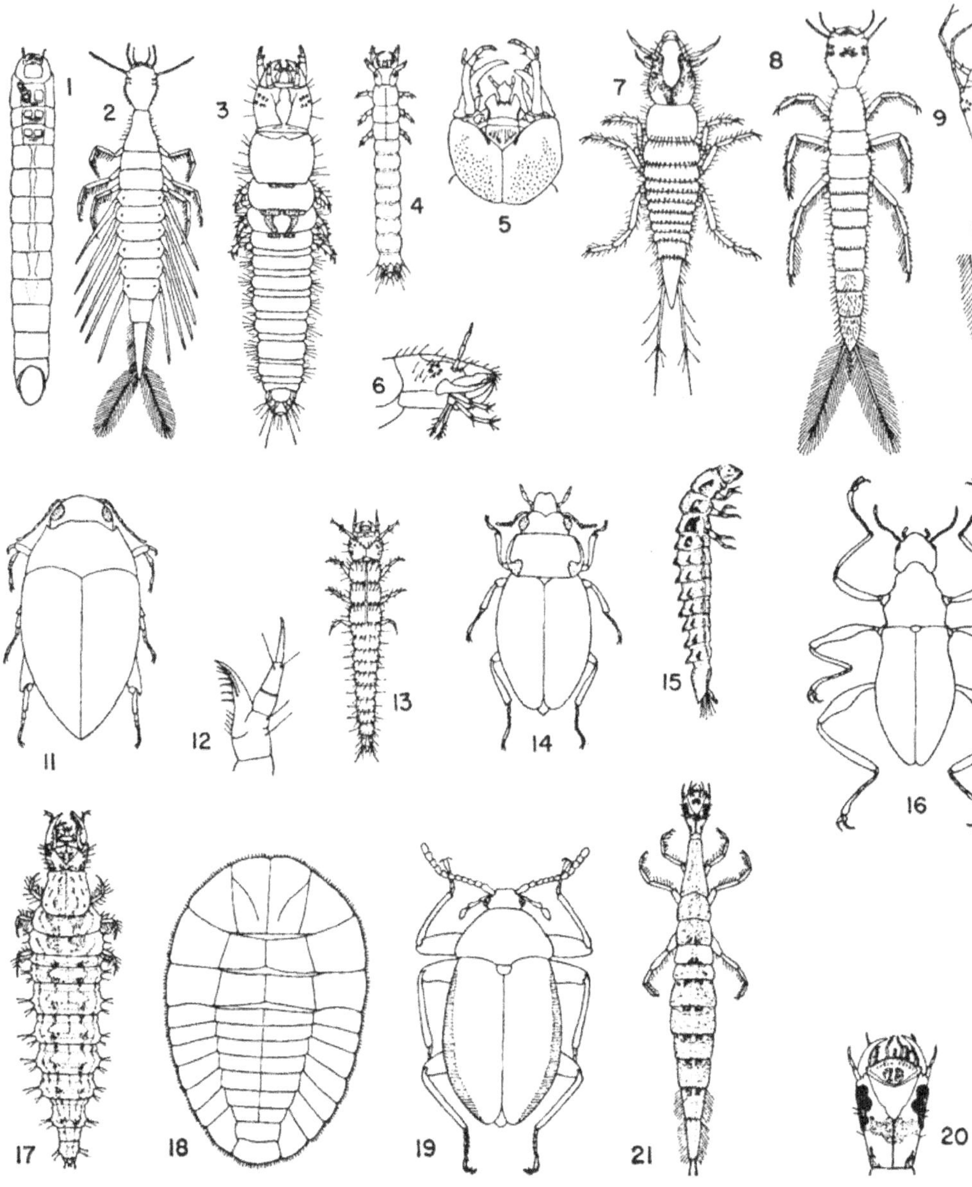

Figs.	Género *	Long.	Distr.	Aguas	Figs.	Género *	Long.	Distr.	Aguas
(11).	Acilius (a.)	23	G	quietas	4.	Hydrochus (l.)	3-5	G	ambas
(7).	Bidessus (l.)	1.5–3.5	G	ambas	5.	Hydrophilus (l.)	35-45	G	ambas
2.	Coptotomus (l.)	7–12	G	quietas	6, 7.	Hydroporus (l.)	4–6	G	ambas
(3).	Cymbiodyta (l.)	6–10	G	ambas	(13).	Hydraena (l.)	3.5	G	ambas
1.	Dryopid (l.)	10–20	G	lóticas	8.	Laccophilus (l.)	8	G	ambas
9, 10.	Dytiscus (l. & a.)	30-70	G	ambas	(13).	Limnebius (l.)	3	G	ambas
16.	Elmid (a.)	1.5–7.0	G	lóticas	12, 13, 14.	Ochthebius (l. & a.)	4	G	ambas
3.	Enochrus (l.)	5–8	G	ambas	15.	Promoresia (l.)	4.5	E	lóticas
(13).	Helophorus (l.)	5–10	G	ambas	18, 19.	Psephenus (l. & a.)	7	G	lóticas
11.	Hydrocanthus (a.)	7	E, S	lóticas	20, 21.	Thermonectus (l.)	16	G	quietas
(17).	Hydrochara (l.)	16–26	G	ambas	17.	Tropisternus (l.)	10–12	G	ambas

* a. = adulto; l. = larva.

12 —Segmento apical de las antenas (el 4.°) más de 2/3 de la longitud del 3.°. *Rhantus* ▲ *Colymbetes* ▲
—4.° segmento antenal (apical), menos de 2/3 de la longitud del 3.°. *13*
13 —Mandíbulas dentadas a lo largo del borde interno. *Copelatus* ▲
—Mandíbulas sin dientes en su borde interno. *14*
14 —Cercos generalmente con sólo 7 pelos primarios situados en 2 verticilos. *15*
—Cercos con numerosos pelos secundarios. *Laccophilus* ▲ **XIVB-8**
15 —Márgenes laterales de la cabeza comprimidos o aquillados, con espinas temporales situadas sobre una línea que interseccionaría los ocelos o pasaría justo por debajo de ellos. *Ilybius* ▲
—Márgenes laterales de la cabeza no aquillados; espinas temporales situadas sobre una línea que pasaría claramente por debajo de los ocelos. *Agabus* ▲
16 —Los 6 primeros segmentos abdominales con branquias laterales. *Coptotomus* **XIVB-20, 21**
—Segmentos abdominales sin branquias. *(Thermanectus)*, *(Graphaderus)* ▲ *Acilius* ▲ **XIVB-(11)**
17 —Clípeo dentado. *Cybister* ▲
—Clípeo no dentado. *Hydaticus* ▲ y *Dytiscus* ▲
18 —Cercos segmentados, generalmente móviles (examinar el final del abdomen cuidadosamente) y a menudo muy cortos o retraídos en una cámara respiratoria terminal en el 8.° segmento abdominal, en Hydrophilidae. *19*
—Cercos, cuando están presentes, no segmentados, pero sólidamente unidos por su base. *29*
19 —2.° y 3.° segmentos de las maxilas separados (estipes y palpígeros); estipes con o sin lacinias rudimentarias, palpígeros llevando normalmente una pequeña gálea digitiforme; larvas de 5 a 55 mm de longitud en su madurez: HYDROPHILIDAE. *20*
—Maxilas con estipes y palpígeros fusionados; estipes con una gran lacinia, palpígeros sin gáleas digitiformes; larvas pequeñas, hasta 4 mm de longitud como máximo: HYDRAENIDAE. *Limnebius* ▲, *Hydraena* ▲, *Ochthebius* ▲ **XIVB-12, (13), 14**
20 —Ocho segmentos abdominales completos, 9.° y 10.° reducidos y formando un atrio estigmático (excepto en *Berosus* que tiene 7 pares de branquias abdominales muy largas). *21*
—Nueve segmentos abdominales completos, el 10° reducido pero visible. *Helophorus* ▲ **XIVB-(13)**
21 —Antenas insertas más cerca de los márgenes laterales de la cabeza que las mandíbulas. *Hydrochus* **XIVB-4**
—Antenas insertas más lejos de los márgenes laterales de la cabeza que las mandíbulas. *22*
22 —Siete pares de branquias muy largas a los lados del abdomen; 9.° y 10.° segmentos abdominales reducidos, pero sin atrio estigmático. *Berosus* ▲
—Branquias abdominales no tan prominentes o ausentes; cámara respiratoria presente. *23*
23 —Fémures sin franjas de sedas natatorias; larvas maduras menores de 4-8 mm de longitud. *24*
—Fémures con franjas de largas sedas natatorias; larvas mayores, de 15 a 50 mm de longitud en su madurez. *27*
24 —Suturas frontales paralelas. *Laccobius* ▲
—Suturas frontales no paralelas. *25*
25 —Mandíbulas distintas entre sí, la derecha con 2 dientes y la izquierda con una; abdomen con prolongaciones en los segmentos 3 a 7. *Enochrus* ▲ **XIVB-3**
—Mandíbulas iguales, cada una con 2-3 dientes internos. *26*
26 —Clípeo-labro por lo menos con 6 dientes; mandíbulas con 2 dientes internos. *(Helochares* ▲*)*, *Cymbiodyta* ▲ **XIVB-(3)**
—Clípeo-labro con 5 dientes visibles, el exterior izquierdo a corta distancia del resto; mandíbulas con 3 dientes internos. *Hydrobius* ▲
27 —Cabeza subesférica; cada mandíbula con un diente interno. *Hydrophilus* ▲ **XIVB-5**
—Cabeza subcuadrangular; cada mandíbula con 2 o más dientes. *28*
28 —Mentón con bordes casi rectos; branquias abdominales laterales rudimentarias, indicadas por prominencias en forma de tubérculos, cada uno de ellos con varias sedas terminales. *Tropisternus* **XIVB-17**
—Mentón con los márgenes convergiendo hacia su mitad basal; branquias abdominales bastante bien desarrolladas, pubescentes. *Hydrochara* **XIVB-17**
29 —Cuerpo ancho y deprimido; cabeza no visible dorsalmente. PSEPHENIDAE **XIVB-18**
—Cuerpo generalmente delgado, de sección triangular o circular; cabeza visible dorsalmente. *30*

30 —9.° segmento abdominal con un opérculo ventral móvil que cierra la cámara caudal. *31*
—Sin este opérculo. *32*
31 —Los 5 u 8 primeros esternitos abdominales con un pliegue mediano cada uno (3 géneros). DRYOPIDAE
—Esternitos abdominales aplanados o lisamente convexos. ELMIDAE
32 —Abdomen con verticilos de branquias filamentosas en la región anal, a veces retraídas en la cámara caudal (abrir y examinar el ápide del abdomen); cuerpo más elíptico y aplanado; antenas multiarticuladas, como en las cucarachas, generelmente más largas que la cabeza y el tórax tomados juntos. HELODIDAE
—Sin branquias abdominales conspicuas; antenas triarticuladas, cortas y anchas, apenas sobrepasando el margen anterior de la cabeza; espiráculos del 8.° segmento abdominal en parte transformados en 2 procesos dorsales salientes y espoloniformes: CHRYSOMELIDAE. *Neohaemonia, Donacia* ▲

COLEOPTERA

Aparte de las familias contempladas en la clave XIVA, existen otras familias menores de escarabajos acuáticos que no están incluidas en la clave por su poca importancia.

Solamente queríamos hacer notar la falta de la familia *Eubriidae*, uno de cuyos representantes *(Eubria palustris)* forma parte de la fauna de coleópteros de los Pirineos y por ello creemos interesante destacarlo.

Tienen mucha semejanza con la familia *Psephenidae* (XIVB-19), de la que se distinguen por pequeños detalles estructurales, pero esta familia no se presenta en España, por lo que no se les puede distinguir.

Muchos son los géneros que se podrían añadir a las claves, pero ello haría la lista interminable; para una aproximación a la fauna acuática esta clave es suficiente, para equellos que deseen profundizar más, pueden consultar en algunas obras bibliográficas referidas a la fauna europea.

BIBLIOGRAFÍA

Bertrand, H.
1972 *Les larves et les nymphes des Insectes aquatiques du globe.* 804 pp. Paillart. París.
Böving, A. G. y F. C. Craighead
1930 *An illustrated synopsis of the principal larval forms of the order Coleoptera.* Entomológica Americana (N.S.) 11(1): 1-80, (2) 81-160, incl. pls. 1-36 (Reimpresión, 1953).
Böving, A. G. y K. L. Hendriksen
1938 *The developmental stages of the Danish Hydrophilidae* (Insects-Coleoptera). Videnskabelige Meddelelser fra den Naturhistoriske Forening i Kobenhavn, 102; 27-162, 55 figuras texto.
Dillon, E .S. y Lawrence S. Dillon
1961 *A manual of common beetles of eastern North America,* 884 pp., Row, Peterson & Co., Evanston, Illinois.
Richmond, E. A.
1920 *Studies on the biology of aquatic Hydrophilidae.* Bull. Amer. Mus. Nat. Hist., 42: 1-94, láminas I-XVI.
Wilson, C. B.
1923 *Water beetles in relation to pondfish culture with life histories of those found in fishponds at Fairport,* Iowa. Bull. Bur. Fish. (Washington, D.C.), 39: 231-345, 148 figuras texto.

XV

Peces de agua dulce

La mayoría de los peces comunes capturados por los pescadores de caña se pueden clasificar utilizando las claves que aquí se presentan. Para los grupos principales se ofrece a continuación una clave general (XV A), además hay claves separadas para el salmón atlántico, truchas y umbras (SALMONIDAE, clave XV B), percas (PERCIDAE, clave XV C), peces sol y róbalos (CENTRARCHIDAE, clave XV D) y para las crías y formas adultas del salmón del Pacífico (género *Oncorhynchus*, claves XV E y XV F).

En la clave se dan tanto los nombres específicos como los genéricos, de manera que las especies se pueden distinguir fácilmente, aunque muchas veces sólo se hace referencia a las familias. En las familias en las que existe gran número de géneros y especies, como es el caso de los foxinos (CYPRINIDAE), chupadores (CATOSTOMIDAE), peces gato (ICTALURIDAE), coregónidos (pez blanco) (COREGONIDAE) y cótidos (COTTIDAE), los lectores pueden recurrir a las obras de Hubbs y Lagler (1947) y a las de Eddy (1957), la referencia completa se encuentra al final de la primera página de la clave general.

Se han omitido los peces estrictamente marinos. De las formas marinas que ocasionalmente penetran en aguas dulces, sólo se citan algunas formas extremadamente comunes, tales como la lamprea (PETROMYZONIDAE) (que además no es estrictamente un pez), el esturión (ACIPENSERIDAE), la anguila (ANGUILLIDAE) y los serránidos (SERRANIDAE). También se han omitido los peces ciegos de las cavernas y cuevas (AMBLYOPSIDAE) y la mayoría de las formas eurihalinas que se encuentran en los estuarios.

La figura XV A presenta la topografía de un pez óseo espinoso, indicándose varias medidas y estructuras que se utilizan comúnmente en la identificación de los peces. En la mayoría de los casos se usan caracteres externos fácilmente localizables.

DEFINICIONES Y MEDIDAS DE LAS ESTRUCTURAS DE LOS PECES

Barbillas o barbillones: Bigotes que se encuentran alrededor de la boca del pez gato (**XV B**-6), carpa, esturión y otros peces.

Radios branquiostegos: Radios óseos que soportan a las membranas de las branquias en la parte inferior de la mandíbula inferior (**XV A**-a). Se tienen que contar todos teniendo especial cuidado con aquellos que ocupan la posición más anterior, ya que muchas veces son cortos y están ocultos.

Aletas pares: Pectorales y pelvianas (**XV A**-a). Las aletas pelvianas a menudo se denominan aletas ventrales. Decimos que se encuentran en posición abdominal cuando se hallan en la mitad posterior de la región situada entre la base de las aletas pectorales y el ano (tal como ocurre en el salmón y las truchas).

Las llamaremos torácicas cuando se hallen localizadas cerca de las pectorales en la mitad anterior del cuerpo (tal como ocurre en el coto, pez sol y róbalo). Consideraremos el origen de cualquier aleta como la porción basal en posición más anterior.

Aletas verticales o impares: Dorsal, anal y caudal (**XV A**-a, b). Aletas carnosas, pequeñas, que carecen de radios o espinas. La aleta adiposa se encuentra a menudo en los peces con radios blandos (**XV A**-b), entre las aletas dorsal y caudal. Está presente en el salmón, trucha, eperlano, coregónidos (pez blanco) y otras formas primitivas.

LÁMINA XVA: MORFOLOGÍA EXTERNA DE LOS PECES

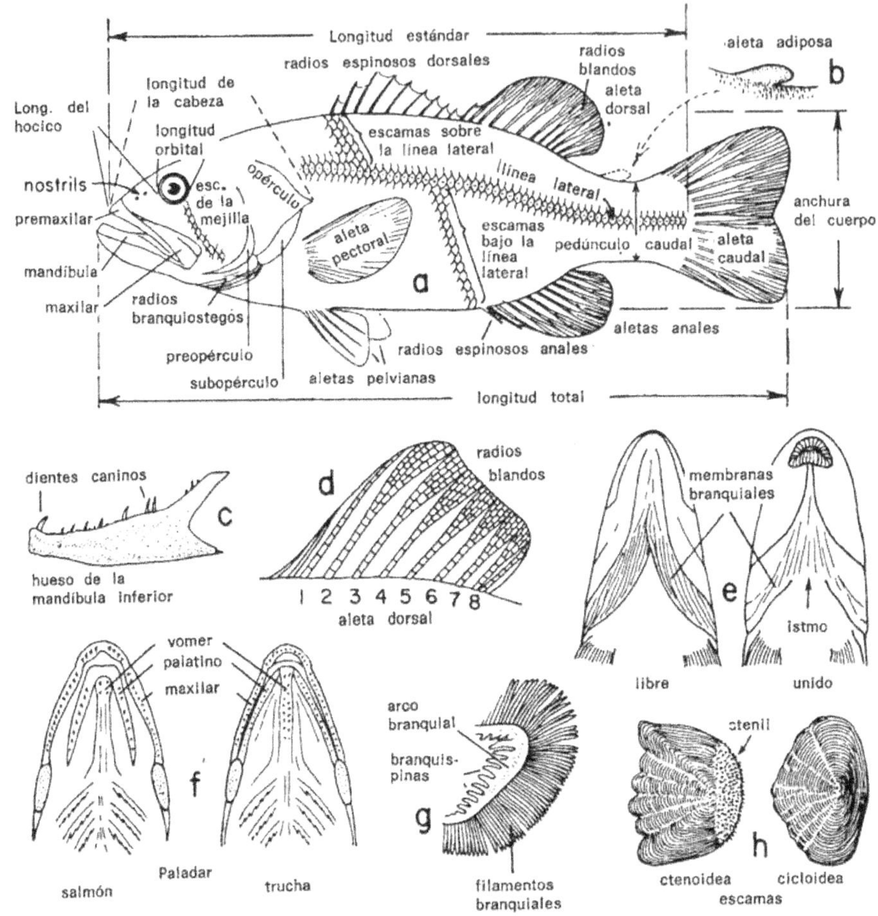

a) Características generales de un pez de radios espinosos.
b) Aleta adiposa, mostrando su localización en el pedúnculo caudal cuando existe.
c) Dientes caninos de la mandíbula de un lucioperca amarillo (Stizostedion).
d) Método para contar el número de radios dorsales principales, en formas que poseen la mayoría de los radios blandos, tales como foxinos, chupadores, salmónidos y otras formas semejantes.
e) Muestra las membranas branquiostegas, libre (izquierda) y unida (derecha) al istmo de la parte inferior de la cabeza.
f) Comparación de la dentadura del paladar de un salmón (*Salvelinus*) y de una trucha (*Salmo*). Nótese que en el *Salmo* los dientes se extienden mucho más allá del extremo anterior del vomer, mientras que en el *Salvelinus* se hallan reducidos a la cresta o cabeza de este hueso.
g) Posición de las branquispinas y de las láminas o filamentos branquiales en un arco branquial.
h) Diferencias principales entre una escama cicloidea y una ctenoidea. Los peces que poseen escamas ctenoideas, como por ejemplo el róbalo, pez sol, perca, etc., tienen un tacto más áspero; mientras que los peces con escamas cicloideas tales como las truchas, foxinos, etc., tienen un tacto muy suave y son resbaladizos, siendo difícil sostenerlos. Esta diferencia es debida a los ctenii.

Enumeración de los radios (espinas) de las aletas: Generalmente sólo se enumeran los radios principales (**XVA**-d), ya que los rudimentarios son difíciles de ver o encontrar. Los radios blandos se cuentan aparte de los radios espinosos. A veces es necesaria la ayuda de una aguja para localizar los radios espinos y cortos, que se encuentran cerca del borde anterior de la aleta.

Espinas branquiales o branquispinas: Se encuentran en la superficie interna de los arcos branquiales, en cuyos bordes exteriores se hallan las membranas branquiales. Pueden ser largas y finas, o cortas y espinosas (**XVA**-g). Se cuentan las del primer arco branquial y se incluyen todas las presentes.

Órgano intromitente: Aleta anal modificada de algunos peces machos; forma el órgano copulador (**XVB**-12).

Línea lateral: Cuando está presente se ve fácilmente en los costados del pez (**XVA**-a). Consiste en una serie de poros y tubos en las escamas que comunican con órganos sensoriales internos.

Maxilares: Son los huesos de la mandíbula superior. El primer hueso de cada lado de la línea media de la mandíbula superior es el premaxilar. El segundo hueso es el maxilar (**XVA**-a).

Papilas: Pequeñas protuberancias carnosas que se observan en los labios de los chupadores y otros peces.

Marcas: Bandas oscuras y verticales que se ven en los costados de las truchas jóvenes, salmones y otras formas próximas (**XVD**).

Apéndice pelviano: Apéndice de forma elongada que se encuentra en la base de la aleta pelviana de algunos peces. A veces también se denomina apéndice axilar (texto de la figura 4).

Ciegos pilóricos: Apéndices pequeños de forma digital que envuelven al intestino en la zona de separación de éste con el estómago. Sólo se cuentan el número de puntas y debe hacerse anteriormente al proceso de conservación para que la operación resulte más fidedigna.

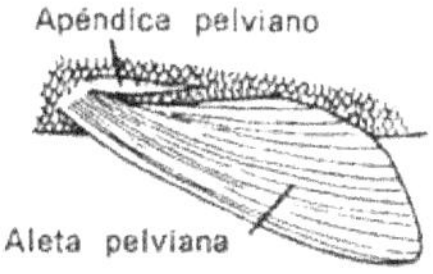

FIG. 4. Apéndice pelviano

Número de escamas:

1. Escamas que se encuentran por encima de la línea lateral (**XVA**-a): Se cuentan desde el origen (parte delantera) de la aleta dorsal hacia abajo y siguiendo un arco normal; no deben incluirse las escamas de la línea lateral.

2. Escamas de la línea lateral: Se tiene que contar el número de escamas con poros o fosetas que forman la línea lateral; si no hay línea lateral debe contarse el número de escamas que se encuentran en la posición que corresponde a la línea lateral (**XVA**-a). Se empieza contando desde la primera escama de la línea lateral del opérculo hasta la escama que toca pero no sobrepasa el eje del pedúnculo caudal. Las escamas de la base de la aleta caudal no deben incluirse aunque sean grandes y tengan poros. El eje caudal puede determinarse observando el pliegue que se forma al doblar la cola.

3. Escamas que se encuentran por debajo de la línea lateral: Se cuentan de abajo a arriba todas las escamas que hay desde el origen de la aleta anal hasta la línea lateral (excluyendo las escamas de la línea lateral, **XVA**-a).

4. Escamas de la mejilla: Se cuenta el número de arcos que cruzan una línea imaginaria que va desde el ojo hasta el ángulo del hueso preopercular (**XVA**-a).

Escudetes: Placas óseas o córneas semejantes a las que se observan en el esturión (**XVB**-2).

Dentadura:

1. *Basibranquial:* Cuando existe, no debe confundirse con los dientes de la lengua que se encuentran en la parte anterior del suelo de la boca. Se encuentran detrás de la lengua

en los huesos basibranquiales de la base de los arcos branquiales. En algún caso (trucha de Clark) se encuentran entre el primer y segundo, y el segundo y tercer arco branquial. Son difíciles de ver excepto en especímenes muy maduros. A menudo se les denomina erróneamente dientes hioideos.

2. *Caninos:* Dientes fuertes que se encuentran en las mandíbulas de lucioperca (*Stizostedion*, **XVA**-c) y otros peces depredadores.

3. *Palatinos:* Localizados en los huesos palatinos de la parte superior de la boca (**XVA**-f).

4. *Vomerinos:* Dientes situados en el hueso vomerino, se encuentra en la línea media de la parte superior de la boca (**XVA**-f).

CLAVE XVA: PECES DE AGUA DULCE *

1 —Boca redondeada succionadora; sin verdaderas mandíbulas; más de cuatro aberturas branquiales en cada lado: familia de las lampreas; (PETROMYZONTIDAE). Lamprea del Pacífico, *Entosphenus*, y otras

—Boca con verdaderas mandíbulas. Una sola abertura branquial en cada lado, cubierta con un opérculo. *2*

2 —Cuerpo con bandas de placas óseas, hocico cónico, boca en la parte ventral de la cabeza, precedida de cuatro barbillas (barbillones); lóbulo dorsal de la aleta caudal más largo que el lóbulo ventral: Familia de los esturiones (ACIPENSERIDAE), 2 géneros:

—Pedúnculo caudal delgado y cubierto completamente por placas óseas; labio inferior con cuatro lóbulos papilosos, (texto en la figura 5 a). *Scaphirynchus*

—Pedúnculo caudal ancho y cubierto por placas sólo en los costados. Labios infeferior con dos lóbulos papilosos (texto en la figura 5 b). *Acipenser* ▲ **XVB-2**

—Cuerpo sin escudos o sin escamas, hocico largo y semejante a una paleta. Familia del pez espátula (POLYODONTIDAE). pez espátula, *Polyodon spathula* **XVB-3**

—Cuerpo con o sin escamas, hocico sin forma de paleta. *3*

3 —Cuerpo cubierto por escamas delgadas y de forma romboidal. Cabeza alargada, formando un pico muy dentado. Familia de las agujas (LEPISOSTEIDAE). Lepisosteos, aguja, *Lepisosteus* **XVB-4**

—Cuerpo con escamas de distinta forma a las anteriores, cabeza no alargada en forma de pico. *4*

4 —Aleta dorsal muy alargada, extendiéndose casi hasta la base de la aleta caudal, el cuerpo no tiene forma de anguila. Familia de los auria (aleta en arco) (AMIIDAE). (AMIIDAE). Amia, *Amia calva* **XVB-5**

—Aleta dorsal más corta. *5*

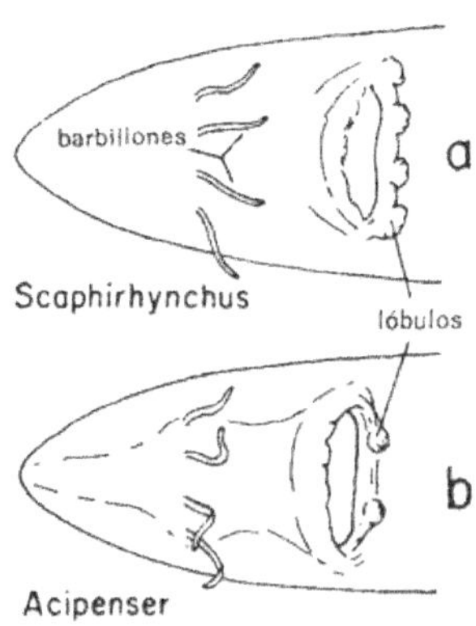

FIG. 5. Lóbulos papilosos de los labios inferiores de dos géneros de esturión (según Eddy, 1957).

* Modificada según Hubbs y Lagler, *Fishes of the Great Lakes Region*, Bull. 26, 1947, Cranbrook Institute of Science, 186 pp. y Samuel Eddy, *How to Know the Freshwater Fishes*, 1957, Wm. C. Brown Co., Dubuque, Iowa, 253 pp.

FIGURA XVB: PECES

Figs.	*Nombre común y genérico*	*Longitud (pulgadas)*	*Distr.*	*Aguas*
5.	Amia o pez de aleta en arco, *Amia*	15-30	S, C, E	ambas
7.	Lota, *Lota*	20-30	C, N	ambas
6.	Pez gato, *Ictalurus* ▲	8-36	G	ambas
(15).	Salmón, *Salvelinus* [1]	6-36	G	ambas
8.	Anguila, *Anguilla* ▲	18-36	E	ambas
4.	Lepisosteos, *Lepisosteus*	18-96	S, C, N	ambas
16.	Tímulo, *Thymalus*	12-20	N, W	ambas
11.	Fundulo, *Fundulus*	3-6	S, E, C	ambas
1.	Lamprea del Pacífico, *Entosphenus*	8-24	W	ambas
(1).	Lamprea de mar, *Petromyzon* ▲	8-24	C, E	ambas
(1).	Lamprea de arroyo, *Lampreta* ▲	6-9	E, C, W	ambas
(1).	Lamprea plateada, *Ichthyomyzon*	9-15	C, S, E	ambas

Figs.	*Nombre común y genérico*	*Longitud (pulgadas)*	*Distr.*	*Aguas*
12.	Pez mosquito, *Gambusia* ▲	1-2	G	quietas
9.	Foxino de barro, *Umbra*	3-6	E, N	quietas
3.	Pez espátula, *Polyodon*	24-72	C	ambas
14.	Sollo y lucios, *Esox* ▲	12-40	S, E, C, N	ambas
(15).	Salmón atlántico, *Salmo* [1] ▲	12-50	NE	ambas
(15).	Salmón del Pacífico, *Oncorhynchus* [2]	6-48	W	ambas
13.	Alosa, molleja, *Dorosoma*	10-18	S, C, N	ambas
(13).	Alosa filamentosa, *Dorosoma*	3-6	G	ambas
17.	Eperlano, *Osmerus*	6-12	NE, NC	ambas
2.	Esturión, *Acipenser* ▲	36-144	G	ambas
10.	Catostomo, *Catostomus*	4-24	G	ambas
15.	Trucha, *Salmo* [1] ▲	6-36	G	ambas

▲ Peces que habitan las aguas continentales españolas

1. Ver clave XVB: Truchas y salmones.
2. Ver clave XVE y XVF: Salmones del Pacífico.

5 —Aleta dorsal con sólo una espina (carpa, pez rojo, pez gato) o sin radios espinosos duros. Aleta pelviana sin espina. *6*

—Aleta dorsal con más de una espina, aleta pelviana con una o más espinas. *20*

6 —Barbillas largas, encima y debajo de la boca (pez gato; sólo encima de la boca en la carpa) o con una única barbilla mediana bajo la mandíbula (familia del bacalao). *7*

—No hay barbillas en la boca. *8*

7 —Cuerpo sin escamas; las aletas pectorales y dorsales presentan radios espinosos: familia de los peces gato (anteriormente AMEIURIDAE). ICTALURIDAE ▲ **XVB**-6

—Cuerpo con escamas, sin radios espinosos en las aletas pectorales y dorsales. Familia de los bacalaos (GADIDAE). 2 géneros:

—Aleta dorsal dividida en dos partes, la segunda parte muy larga extendiéndose casi hasta la aleta caudal; la aleta anal casi tan larga como la aleta dorsal. *Lota lota* **XVB**-7

—Aleta dorsal dividida en tres partes; aleta anal mucho más corta. Tomcod, *Microgadus tomcod* **XVC**-16

8 —Cuerpo del tipo de las anguilas, con verdaderas mandíbulas, aleta dorsal y aleta caudal continuas, aletas pelvianas ausentes. Familia de las anguilas de agua dulce (ANGILLIDAE). Anguila americana, *Anguilla rostrata*

—Cuerpo de forma distinta al de las anguilas, la aleta dorsal y la caudal no son continuas, hay aletas pelvianas. *9*

9 —Aleta caudal redondeada. *10*

—Aleta caudal no redondeada. *12*

10 —Aletas pelvianas presentes, generalmente detrás del origen de las aletas dorsales; los premaxilares no son protráctiles; banda vertical oscura en la base de la aleta caudal. Familia de las umbras (UMBRIDAE). *Umbra* **XVB**-9

—La mayor parte, si no toda la longitud de las aletas pelvianas, se halla dentro del origen de las aletas dorsales. Premaxilares protráctiles. *11*

11 —Aletas anales del macho y de la hembra iguales; el tercer radio anal (contando los rudimentos) se halla ramificado: familia de los ciprinodontidos (CYPRINODONTIDAE). *Fundulus* **XVB**-11

12 —Hendiduras branquiales muy hacia adelante y hacia abajo, membranas branquiales sin istmo (**XVA**-c). *13*

—Hendiduras branquiales no extendidas hacia adelante y hacia abajo, membranas branquiales unidas a un istmo (succionadores, CATOSTOMIDAE y foxinos, CYPRINIDAE, ver figura 6). *19*

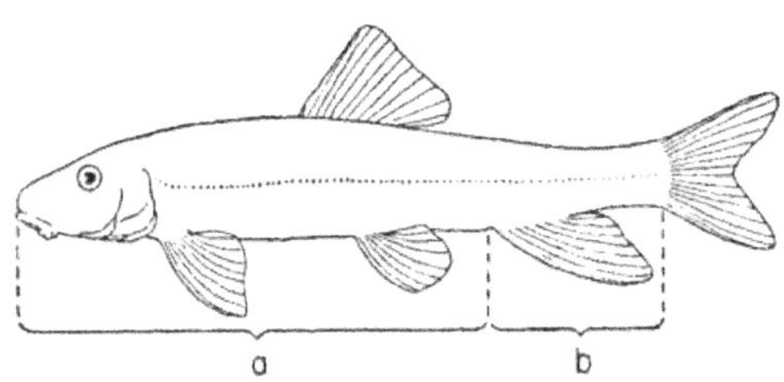

FIG. 6. Como distinguir un chupador; de un foxino; si a/b es mayor de 2,5, el pez es un chupador; si es inferior a 2,5 es un foxino.

13 —Con aleta adiposa. *16*

—Sin aleta adiposa. *14*

14 —Vientre con escudo espinoso: familia de los arenques (CLUPEIDAE), dos géneros y 4 especies:

—El último radio dorsal mucho más largo que los otros. Alosa molleja, alosa filamentosa, *Dorosoma* **XVB**-13

—El último radio dorsal no es más largo que los demás, mandíbula superior terminal, hay más de 55 espinas branquiales (branquispinas) (**XVA**-g) en el borde inferior del arco branquial anterior. Sábalo americano, *Alosa sapidissima*

—Mandíbula inferior terminal, menos de 55 espinas branquiales en el borde inferior del arco branquial anterior. Alosa americana, *Alosa pseudoharengus*

—Vientre sin escudo espinoso importante. *15*

LÁMINA XVC: PECES

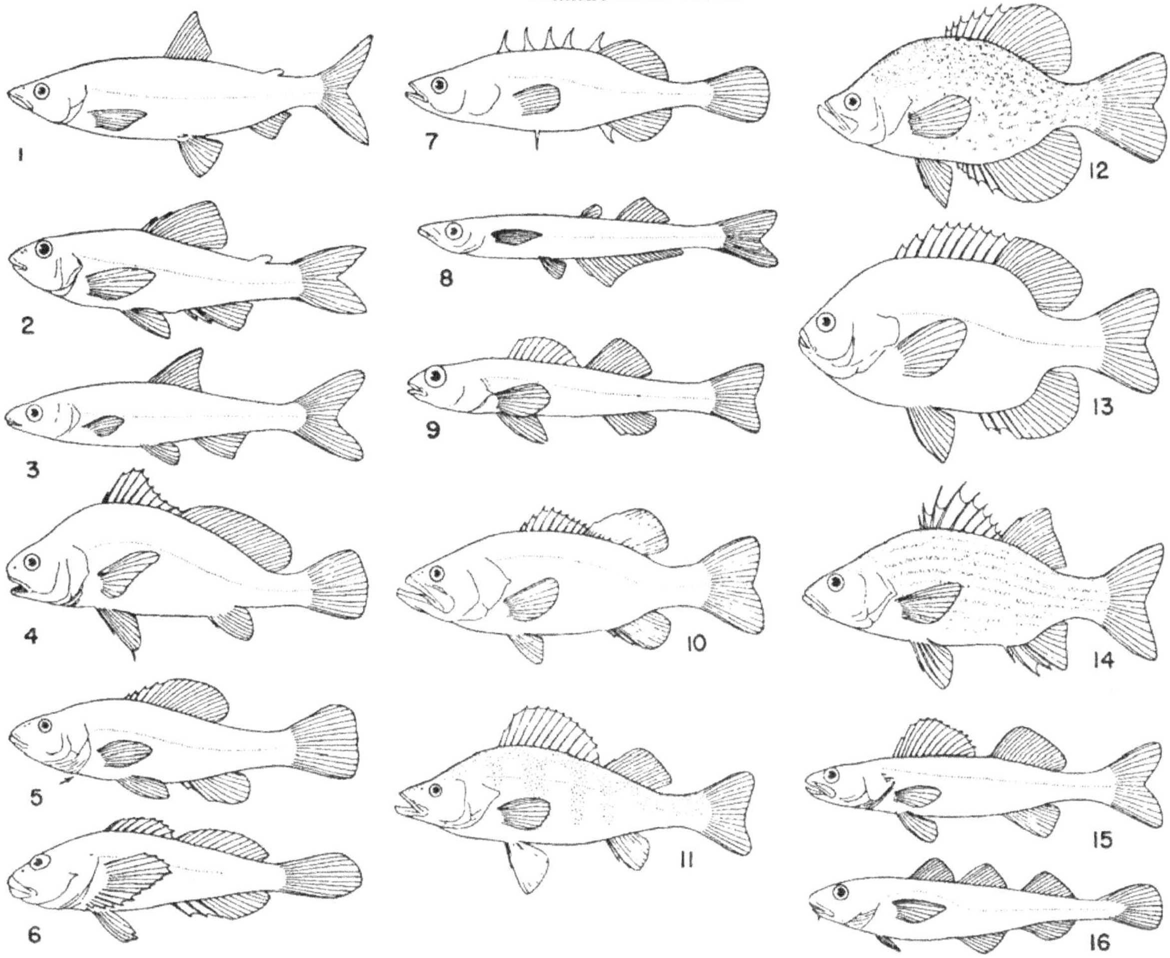

Fig.	Nombre vulgar y género	Longitud (pulgadas)	Distr.	Aguas
10.	Perca americana de boca grande, *Micropterus* [1] ▲	10–25	G	quietas
(10).	Perca americana de boca pequeña, *Micropterus*	8–20	G	ambas
14.	Róbalo rayado, *Roccus*	20–48	G	ambas
13.	Pez sol, *Lepomis* [1] ▲	4–8	G	ambas
12.	Pomoxis negro, *Pomoxis* [1]	6–12	G	quietas
(12).	Pomoxis blanco, *Pomoxis*	6–12	G	quietas
9.	*Poecilichthys*	2–6	E, C	ambas
4.	Tambor o sargo, *Aplodinotus*	12–48	C	ambas
3.	Foxina, *Notropis*	3–5	G	ambas
(12).	Perca de Sacramento, *Archoplites* [1]	4–15	W	quietas

Fig.	Nombre vulgar y género	Longitud (pulgadas)	Distr.	Aguas
11.	Perca amarilla, *Perca* [2]	6–14	G	ambas
15.	Lucioperca amarilla, *Stizostedion*	12–36	N, C	ambas
(15).	Lucioperca azul, *Stizostedion* [2]	12–36	N, C, E	ambas
5.	Lucio pirata, *Aphredoderus*	3–5	C, E	quietas
(15).	*Stizostedion* [2]	10–15	N, C, E	ambas
6.	Coto, *Cottus* ▲	2–5	G	ambas
8.	Pez plata de riachuelo, *Labidesthes*	2–3	N, C, SE	ambas
7.	Espinoso de arroyo, *Eucalia*	2–3	N, C	ambas
(7).	Espinosillo, *Pungitius*	2–3	N, C, E	ambas
(7).	Espinoso, *Gasterosteus* ▲	2–3	G	ambas
16.	*Microgadus*	8–12	NE	lóticas
2.	Truchoperca, *Columbia*	4–8	N	ambas
1.	Pez blanco, *Coregonus*	8–24	G	ambas

1. Ver clave XVD: Peces sol (Centrarchidae).
2. Ver clave XVE: Percas (Percidae).

15 —La región anterior dorsal de la cabeza de forma semejante al pico de un pato. Escamas en la cabeza: familia de los lucios (ESOCIDAE), incluye sollo de barro, sollo de cadena, sollo americano y lucio del Norte. *Esox* **XVB-14**

—La región anterior dorsal de la cabeza no tiene forma parecida al pico de un pato; cabeza sin escamas: familia de los peces ojos luna (HIODONTIDAE). Ojoluna, *Hiodon tergisus*

16 —Escamas pequeñas, hay más de 100 en la línea lateral: familia de la trucha y el salmón (SALMONIDAE):

—Aleta anal con más de 13 radios. Salmón del Pacífico, *Oncorhynchus*. Claves XVE XVF **XVD**

—Aleta anal con 12 o menos radios. Salmón del Atlántico, trucha, *Salmo* ▲, *Trucha de fontana, Salvelinus* ▲. Clave XVB **XVB-15**

—Escamas más grandes, hay menos de 100 en la línea lateral. *17*

17 —Aleta dorsal grande, parecida a una vela, con puntos de color naranja y con más de 15 radios: familia del tímalo (THYMALLIDAE). Timalo, *Thymallus arcticus* **XVB-16**

—Aleta dorsal no muy grande, o sin forma de vela, sin puntos de color naranja, con menos de 15 radios. *18*

18 —Dientes fuertes, huesos de la mandíbula superior que se extienden más allá de la mitad del ojo. No hay apéndice pelviano (texto de fig. 4); familia de los eperlanos (OSMERIDAE). Eperlano, *Osmerus* **XVB-17**

—Dientes débiles o ausentes, los huesos de la mandíbula no se extienden más allá de la mitad del ojo, hay un apéndice pelviano corto y carnoso; familia de los corégonos (COREGONIDAE). *Coregonus, Leucicthys, Prosopium* **XVC-1**

19 —La boca normalmente se halla en la parte ventral de la cabeza, adaptada para chupar, con labios carnosos y capilosos: familia de los chupadores (CATOSTOMIDAE). Chupador, *Catostomus* **XVB-10**

—Boca normalmente terminal y no adaptada a chupar: familia de los foxinos (CYPRINIDAE). *Notropis* **XVC-3**

20 —Poseen aleta adiposa; con sólo dos espinas dorsales: familia de las truchopercas (PERCOPSIDAE). Forma del oeste, *Columbia*, forma del este, *Percopis* **XVC-2**

—Sin aleta adiposa; con más de dos espinas dorsales. *21*

21 —Ano situado en posición bastante anterior a la de la aleta anal localizado cerca de la garganta (indicado con una flecha en la figura): familia de las perca piratas (APHREDODERIDAE). Perca pirata, *Aphredoderus sayanus* **XVC-5**

—Ano situado en posición posterior, justo antes de la aleta anal. *22*

22 —Espinas dorsales aisladas, sin que exista ninguna membrana que las conecte entre sí: familia de los espinosos (GASTEROSTEIDAE):

—3 espinas dorsales, sin incluir una espina muy pequeña situada en la parte anterior del dorso. Espinoso, *Gasterosteus aculeatus* ▲

—5 o 6 espinas dorsales. Espinoso de arroyo, *Eucalia inconstans* **XVC-7**

—De 8 a 11 espinas dorsales. Espinosillo, *Pungitius pungitius*

—Espinas dorsales no aisladas, conectadas entre sí por mediación de una membrana. *23*

23 —Cuerpo sin escamas o únicamente con púas, aletas pelvianas con sólo 3 o 4 radios blandos, la longitud del pez es inferior a 4 pulgadas: familia de los cotos (COTTIDAE). Coto, *Cottus* ▲ **XVC-6**

—Cuerpo cubierto con escamas normales, aleta pelviana con 5 radios blandos. *24*

24 —Línea lateral extendida a lo largo de la aleta caudal: familia de las corvinas (SCIAENIDAE). Aplodinoto de agua dulce, *Aplodinotus grunniens* **XVC-4**

—La línea lateral no se extiende a lo largo de la aleta caudal. *25*

25 —Las aletas pelvianas son abdominales, se hallan situadas bastante detrás de las pectorales: familia de los pejerreyes (ATHERINIDAE). Pejerreyes de arroyo, *Labidesthes sicculus* **XVC-8**

—Las aletas pelvianas son torácicas, se hallan situadas bastante cerca de los pectorales. *26*

26 —Aleta dorsal sencilla (aunque casi separada en la perca americana «bass» de boca grande, **XVC**-10): familia de los peces sol, CENTRARCHIDAE, clave **XVD.**

—Dos aletas dorsales, completamente separadas o ligeramente juntas. *27*

27 —3 espinas anales; opérculos con una espina bastante bien desarrollada: familia del róbalo (SERRANIDAE): un solo género. *Roccus* **XVC-14**

(4 especies: róbalo rayado, róbalo blanco, róbalo amarillo y perca blanca).

—1 o 2 espinas anales; opérculo sin espina importante: familia de las percas, PERCIDAE, clave **XVC**.

CLAVE XVB: TRUCHAS (SALMO) y SALMONES (SALVELINUS)

1 —No hay dientes en el eje del vomer (**XVA**-f), cuerpo con manchas claras sobre fondo oscuro, escamas muy finas e imbricadas, casi invisibles a simple vista: Trucha de fontana *(Salvelinus)* *2*

—Con dientes en el eje del vomer, cuerpo con manchas oscuras sobre fondo claro, escamas más grandes: Truchas *(Salmo)*. *3* **XVB**-15

2 —Aleta caudal muy bifurcada, sin moteaduras en forma de gusano en la parte dorsal del cuerpo; se encuentra sólo en lagos profundos y fríos. Trucha de lago, *Salvalinus namaycush*

—Aleta caudal no tan bifurcada, con manchas moteadas semejantes a gusanos en la parte dorsal del cuerpo; bordes pronunciados y blancos en las aletas pectoral y pelvianas. *Trucha de fontana, Salvelinus fontinalis* ▲

—Aleta dorsal levemente bifurcada, no hay moteaduras semejantes a gusanos en la parte dorsal del cuerpo, sin embargo poseen puntitos pálidos en los costados. Trucha Dolly Varden, *Salvelinus malma*

3 —Poseen dientes basibranquiales muy finos y difíciles de ver, se encuentran situados en posición posterior a la lengua; generalmente poseen una prominente raya roja bajo cada uno de los costados de la mandíbula inferior. Se halla restringida a estados situados al oeste del Mississippi. Trucha de Clark, *Salmo clarkii*

—No hay dientes basibranquiales, tampoco hay línea roja bajo la mandíbula inferior. *4*

4 —Los adultos tienen en los lados una serie de manchas en forma de X; los jóvenes, barras verticales muy destacadas (marcas de las truchas) a cada lado; generalmente hay 9 radios anales. Anadromos (que emigran del mar a los ríos para reproducirse) al norte de Maine y Canadá, también formas fijas, no emigrantes, en lagos de la zona norte de Nueva Inglaterra y Canadá. Salmón atlántico, *Salmo salar* ▲

—Adultos con manchas redondas en los lados, generalmente con 10 a 12 radios anales. *5*

5 —Aleta caudal sin manchas, o manchas restringidas a la porción dorsal, a menudo poseen manchas rojas, naranjas o marrones en los lados; no poseen banda lateral roja; las aletas pelvianas no presentan la punta blanca, generalmente son de color amarillento. Trucha europea, *Salmo trutta* ▲

—Aleta caudal muy moteada, siempre en negro, nunca de color rojo, naranja o marrón; las aletas pelvianas con la punta de color blanco; el color generalmente es plateado o rosa; a veces presentan banda lateral de color rosa o rojo. Trucha arcoiris, *Salmo gairdnerii* ▲

—Aleta caudal con o sin manchas, vientre de color anaranjado brillante o de color oro, poseen una banda anaranjada o amarillorrojizo a lo largo de la línea lateral debilitándose dorsalmente; cuerpo con las clásicas barras de la trucha muy marcadas. Trucha dorada, *Salmo aguabonita*

CLAVE XVC: PERCAS (PERCIDAE)

1 —Preopérculo muy dentado, 7 radios branquiostegos, peces de tamaño medio a grande, adquiriendo su madurez cuando tienen una longitud de más de 6 pulgadas. *2*

—Preopérculo con un filo muy poco dentado; normalmente 6 radios branquiostegos, peces pequeños de una longitud que va de 1 a 4 pulgadas. Pez arquero, *Poecilichthys* **XVC**-9

2 —No hay dientes caninos; en el cuerpo se observan unas bandas verticales oscuras muy bien definidas (bandas cruzadas). Perca amarilla, *Percas flavescens* **XVC**-11

—Dientes caninos fuertes (**XVA**-c); las bandas cruzadas están poco definidas o no existen. Lucio amarillo, lucio azul, *Stizostedion* **XVC**-15

CLAVE XVD: PECES SOL (CENTRARCHIDAE)

1 —3 espinas anales. *2*

—5 o más espinas anales. *9*

2 —Pequeñas escamas, 58 o más en la línea lateral, black-bass (perca negra).

LÁMINA XVD: SALMONES JÓVENES DEL PACÍFICO

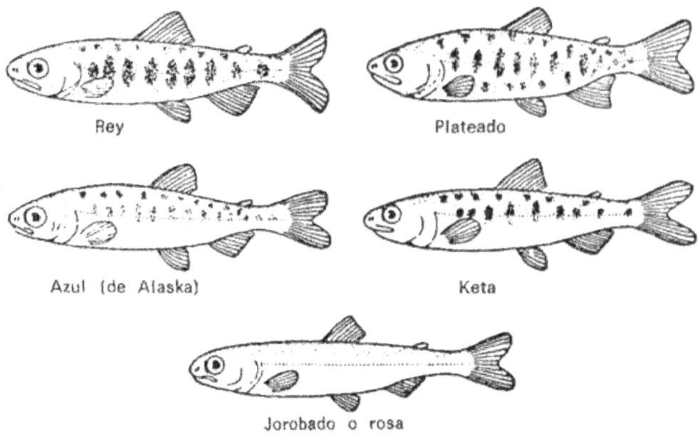

—La mandíbula superior, con la boca cerrada, no se extiende al margen posterior del ojo; de 14 a 18 hileras de escamas en la mejilla.
Perca americana de boca pequeña, *Micropterus dolomieui*

—Mandíbula superior extendiéndose más allá del margen posterior del ojo; las escamas de la mejilla forman de 9 a 12 hileras.
Perca americana de boca grande, *Micropterus salmoides*
Perca americana de boca grande, *Micropterus salmoides* ▲ **XVC-10**

—Grandes escamas, 53 o menos en la línea lateral. 3

3 —Dentadura presente, dientes de la lengua; supramaxilar bien desarrollado, su longitud es mayor que la parte más ancha del maxilar.
Bocarmada, *Chaenobryttus gulosus*

—Sin dentadura de la lengua, supramaxilar reducido o ausente. *4*

4 —Aletas pectorales cortas y redondeadas, su longitud es un cuarto de la del pez. 5

—Aletas pectorales largas y puntiagudas, los radios más largos están cerca de la parte dorsal de la aleta, su longitud es un tercio de la del pez. 6

5 —Pequeñas escamas, 44 o más en la línea lateral, opérculo duro en los bordes, su membrana es ancha y coloreada; espinas branquiales largas y delgadas.
Pez sol verde, *Lepomis cyanellus*

—Escamas grandes, como máximo 39 en la línea lateral; opérculo flexible en la parte posterior, en la membrana hay una estrecho margen de color rojo; espinas branquiales reducidas y en forma de botón. *Lepomis megalotis*

6 —Hueso opercular duro por detrás, branquispinas cortas y robustas. 7

—Hueso opercular flexible posteriormente; branquispinas largas y delgadas. *8*

7 —Opérculo con una mancha escarlata bien definida, mejillas con bandas azules y naranjas. Pez sol, *Lepomis gibbosus* ▲

—Opérculo con una amplia mancha escarlata en el borde; mejillas sin bandas.
Lepomis microlophus

8 —Hueso opercular extendiéndose al menos hasta el extremo de la «orejera»; generalmente de 10 a 12 radios blandos en la aleta anal.
Pez sol de agalla azul, *Lepomis macrochirus* **XVC-13**

—Hueso opercular extendiéndose sólo hasta la mitad de la «orejera»; de 7 a 9 radios blandos en la aleta anal. Pez sol de mancha naranja, *Lepomis humilis*

9 —De 11 a 12 radios espinosos dorsales; la base de la aleta anal es aproximadamente la mitad de la base de la dorsal. Perca de roca, *Ambloplites rupestris*

—De 6 a 8 radios espinosos dorsales; base de la aleta anal casi igual a la longitud de la base dorsal, pomosio. *10*

10 —Normalmente de 7 a 8 radios espinosos dorsales; cuerpo con pústulas oscuras irregulares. Foxino negro,' *Pomoxis nigromaculatus*

—Normalmente con 6 radios espinosos dorsales, cuerpo con bandas verticales y oscuras, más intensas por el dorso. Foxino blanco, *Pomoxis annularis* **XVC-12**

CLAVE XVE: SALMONES ADULTOS DEL PACÍFICO (ONCORHYNCHUS)

1 —De 30 a 50 branquispinas, largo: salmón azul. *Oncorhynchus nerka*
—De 18 a 33 espinas branquiales, corto. *2*
2 —Escamas muy pequeñas, de 170 a 232 en la línea lateral; salmón jorobado o salmón rosa. *Oncorhynchus gorbuscha*
—Escamas grandes, menos de 160 en la línea lateral. *3*
3 —Generalmente de 19 a 26 escamas encima de la línea lateral y de 15 a 24 debajo. No se distinguen manchas negras ni en la aleta caudal ni en el dorso: keta. *Oncorhynchus keta*
—Generalmente posee de 25 a 31 escamas encima de la línea lateral y de 23 a 34 debajo; se observan manchas negras en el lomo y aleta caudal. *4*
4 —Usualmente de 15 a 17 radios en la aleta anal; 140 a 150 ciegos pilóricos; boca completamente negra: salmón rey. *Oncorhynchus tshawytscha*
—Usualmente de 12 a 15 radios en la aleta anal; de 50 a 83 ciegos pilóricos; salmón plateado. *Oncorhynchus kisutch*

CLAVE XVF: SALMONES JÓVENES DEL PACÍFICO (ONCORHYNCHUS)*

1 —Con manchas. *2*
—Sin manchas o indistiguibles. Salmón jorobado o salmón rosa **XVD**
2 —Manchas sobre la línea lateral. *3*
—Manchas principalmente sobre la línea lateral. *4*
3 —Manchas tenues, no redondeadas. salmón keta **XVD**
—Pequeñas manchas, a menudo ovales o redondeadas. Salmón azul **XVD**
4 —Manchas estrechas, muy separadas, largas. Salmón plateado **XVD**
—Manchas anchas, juntas, redondas. Salmón rey **XVD**

* De longitud inferior a los 20 centímetros.

COMO DISTINGUIR EL SALMÓN DEL PACÍFICO DE LA TRUCHA

Además de por las claves anteriores, podemos pescando distinguir fácil y rápidamente el salmón del Pacífico *(Oncorhynchus)* adulto de la trucha arco-iris y de la trucha europea y salmón plateado *(Salmo)*, por las siguientes características:

1. La trucha siempre tiene de 9 a 12 radios en la aleta anal, mientras que el salmón tiene 13 o más.
2. El interior de la boca del salmón adulto del Pacífico es negro o moteado de manchas negruzcas, mientras que el de la trucha es siempre blanco.
3. En la trucha los radios branquiostegos son usualmente de 10 a 12, mientras que en el salmón del Pacífico son normalmente más de 13.

BIBLIOGRAFÍA: PECES

Berg, Leo S.
1940 *Classification of fishes both recent and fossil.* Trav. Inst. Zool. Acad. Sci. U.R.S.S. Tomo 5, Livr. 2: pp. 87-517.
Brown, Margaret E. (ed.)
1957 *The physiology of fishes.* 2 vols. Vol. I, Metabolism, 447 pp.; vol. II, Behavior, 526 pp. Academic Press, Inc. N.Y.
Carl, G. Clifford y W. A. Clemens y C. C. Lindsey
1959 *The fresh-water fishes of British Columbia.* Brit. Col. Provincial Mus., Dept. Educa., Handbook No. 5 (3.ª ed.), 192 pp.
Clemens, W. A. y G. V. Wilby
1961 *Fishes of the Pacific Coast of Canada.* Fish. Res. Bd. Canada, Bull. 68 (2.ª ed.), 443 pp.
Eddy, Samuel
1957 *How to know the freshwater fishes.* Wm. C. Brown Co., Dubuque, Iowa, 253 pp.
1961 *Living fishes of the world.* Doubleday & Co., Garden City, N.Y. 304 pp.

Hubbs, Carl L. y Karl F. Lagler
1947 *Fishes of the Great Lakes Region,* Bull. 26 Cranbrook Institute of Science, 186 pp.
Jordan, David S. y B. W. Evermann
1896-1900 *The fishes of North and Middle America.* Bull. No. 47, U.S. Nat. Mus., 4 partes, 3313 pp.
1930 *Check list of the fishes and fishlike vertebrates of North and Middle America north of the northern boundary of Venezuela and Colombia.* Rept. U.S. Comm. Fish. for the fiscal year 1928. Reimpresión, 1955, 670 pp.
Lagler, Yarl L., John E. Bardach y R. R. Miller
1962 *Ichthyology.* 545 pp. John Wiley & Sons, Inc., New York, N. Y.
Nikol'skii, G. V.
1961 *Special ichtyology.* 538 pp. National Science Foundation, Washington, D.C., and the Smithsonian Institution, by the Israel Program for Scientific Translations, Jerusalem.
Schultz, Leonard P.
1936 *Keys to the fishes of Washington, Oregon and closely adjoining regions.* Univ. Wash. Publ. Zool. Vol. 2, No. 4: pp. 103-228.
Trautman, Milton B.
1957 *The fishes of Ohio.* Ohio Sstate Univ. Press, 683 pp.

CLAVES DICOTÓMICAS COMPLEMENTARIAS PARA LA CLASIFICACION DE LOS PECES DE LA PENÍNSULA IBÉRICA

Dado que las claves dicotómicas propuestas por el autor (XVA, XVB, XVC, XVD, XVE y XVF hacen referencia a las especies de peces de la fauna continental americana, hemos creído conveniente incluir, a modo de apéndice, dos claves más, que esperamos serán de utilidad para la clasificación de los peces más comunes que habitan las aguas continentales españolas.

Las especies o géneros que además de vivir en la Península Ibérica habitan también en América y están citadas en el texto original, las hemos excluido de estas claves complementarias, para evitar repeticiones (señaladas en el texto con ▲).

Ante la dificultad que supone unificar y coordinar las claves propuestas por el autor, con las referentes a la fauna española, hemos elaborado una clave complementaria de tipo general (clave XVG) válida para las familias y especies exclusivas de la Península Ibérica, así como para las familias con representantes distintos de los citados en el texto, es decir, distintos de los americanos

También se incluye una clave especial para la familia CYPRINIDAE (ciprínidos), puesto que existe un gran número de géneros y especies.

Es necesario especificar que al hablar de fauna continental nos referimos, no solamente a las especies denominadas de «agua dulce», sino también a las eurihalinas de origen marino, que penetran a menudo en las aguas continentales, como es el caso de las familias: SYNGNATHIDAE, PLEURONECTIDAE, GOBIIDAE, MUGILIDAE, SERRANIDAE y ATHERINIDAE.

CLAVE XVG: CLAVE GENERAL DE FAMILIAS Y ESPECIES IBÉRICAS

1 —Peces asimétricos. Cuerpo deprimido lateralmente, con los dos ojos en el mismo lado del cuerpo, denominado lado pigmentado, en oposición al lado ciego, depigmentado. 2

—Peces simétricos, con un ojo a cada lado de la cabeza. Ambos lados del cuerpo están pigmentados. 3

2 —Perfil del cuerpo romboidal. Pedúnculo caudal amplio; el extremo final de las aletas dorsal y anal no llegan al inicio de la caudal. PLEURONECTIDAE:

A. Con pequeñas protuberancias principalmente a lo largo de la línea lateral y región cefálica. *Platichthys flesus,* platija

LÁMINA DE LOS PECES DE LA PENÍNSULA IBÉRICA

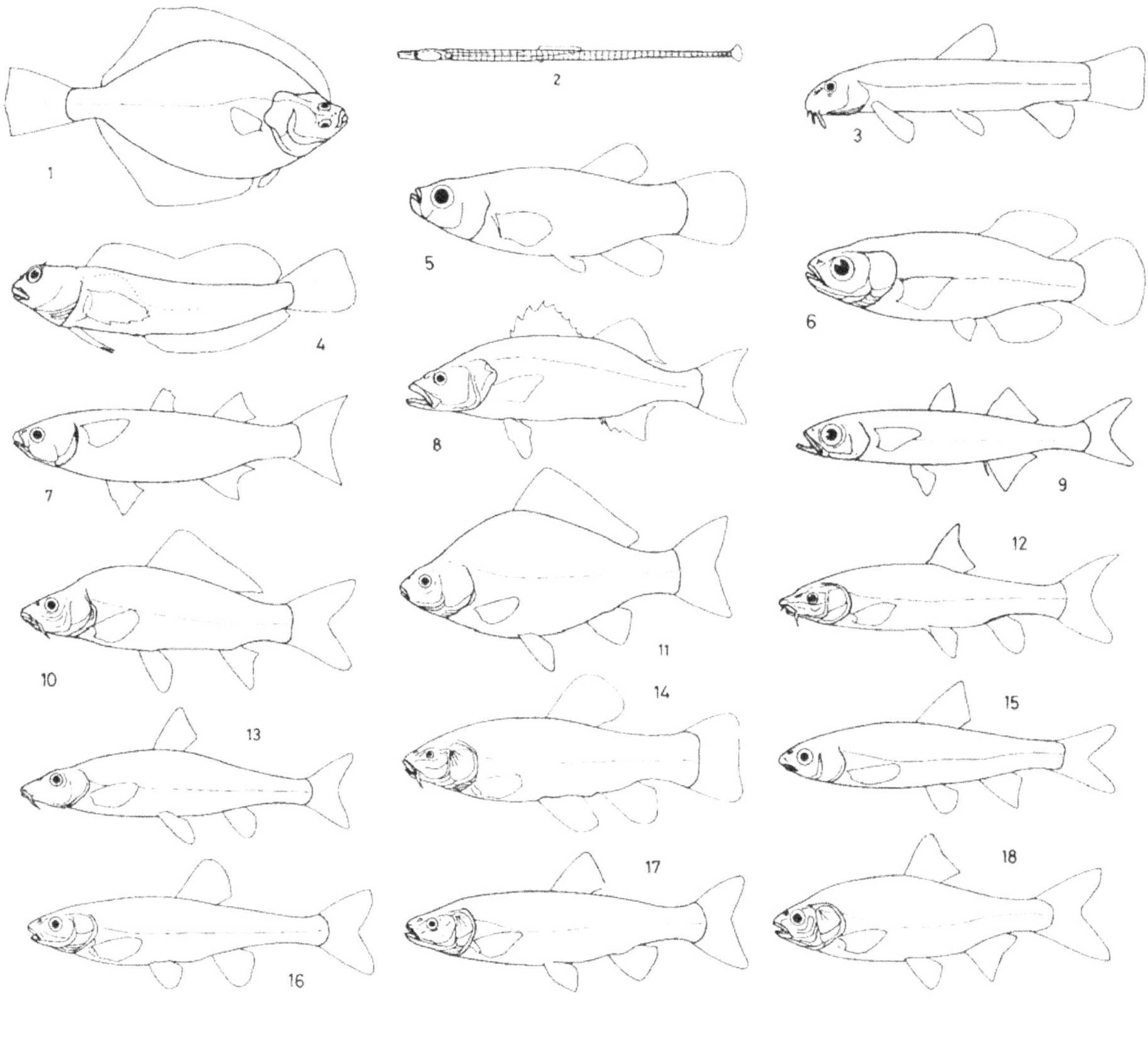

Fig.	*Nombres vulgares y científicos*
1.	Platija, *Platichthys flesus*
2.	Aguja de río, *Sygnathus abaster*
3.	Colmilleja, *Cobitis taenia*
4.	Blenio, fraile, *Blennius fluviatilis*
5.	Fartet, *Aphanius iberus*
6.	Samaruc, *Valencia hispanica*

Fig.	*Nombres vulgares y científicos*
7.	Corcón, *Oedalechilus labeo*
8.	Lubina, *Dicentrarchus labrax*
9.	Pejerrey, *Atherina sp.*
10.	Carpa, *Cyprinus carpio*
11.	Carpín, *Carassius carassius*
12.	Barbo, *Barbus sp.*

Fig.	*Nombres vulgares y científicos*
13.	Gobio, *Gobio gobio*
14.	Tenca, *Tinca tinca*
15.	Madrilla, *Chondrostoma toxostoma*
16.	Foxino, *Phoxinus phoxinus*
17.	Cacho, *Leuciscus sp.*
18.	Bermejuela, *Rutilus sp.*

3 —Cabeza prolongada en forma de tubo, en cuyo extremo se abre la boca. Aletas ventrales ausentes. Cuerpo cubierto de placas óseas. SYNGNATHIDAE:
A. ♂ dotados de bolsa incubatriz en donde se alojan los huevos depositados por la ♀. Sólo una especie frecuenta las aguas continentales. *Singnathus abaster*, aguja
—Cabeza normalmente constituida, sin prolongación tubular. *4*
4 —Aletas impares (dorsal, caudal y anal) unidas formando una aleta única. Aletas ventrales ausentes. Cuerpo de sección cilíndrica. ANGUILLIDAE:
A. Un único representante en la Península. *Anguilla anguilla*, anguila
—Aletas impares separadas unas de otras. Aletas ventrales presentes. 5
5 —Con una sola aleta dorsal, o bien dos aletas dorsales soldadas. 6
—Con dos aletas dorsales. *11*
6 —Con barbillones alrededor de la boca. 7
—Sin barbillones. 9
7 —Como mínimo 6 barbillones alrededor de la boca. *8*
—Normalmente con 2 o 4 barbillones bucales. CYPRINIDAE (ver clave XVH).
8 —Con 6 barbillones. COBITIDAE:
A. Presencia de una diminuta espina retráctil alojada en una foseta y situada debajo de cada ojo. *Cobitis taenia*, colmilleja
AA. Ausencia de espina retráctil. *Noemacheilus barbatulus*, locha
9 —Cuerpo desnudo sin escamas. Aleta dorsal larga, llegando al inicio de la caudal. BLENNIIDAE:
A. Un solo representante en las aguas continentales. *Blennius fluviatilis*, blenio, fraile
—Cuerpo cubierto de escamas. 9
10 —Aleta anal de los ♂ con los radios 3 a 5 notablemente alargados y modificados, constituyendo un órgano copulador denominado gonopodio. POECILIDAE:
A. Aleta dorsal de 7 a 8 radios. *Gambusia affinis holbroocki*, gambusia
—Aleta anal de los ♂ y ♀ normalmente constituida. CYPRINODONTIDAE:
A. Aleta dorsal de 10 a 12 radios. Aleta anal de 9 a 10 radios. ♂ con bandas oscuras verticales. ♀ con manchas puntuales o de forma alargada. *Aphanius iberus*, fartet
AA. Aleta anal de 12 a 14 radios presenta bandas verticales en la porción caudal del cuerpo. *Valencia hispanica*, samaruc
11 —Aletas ventrales soldadas entre sí formando un disco adhesivo. GOBIIDAE.
—Aletas ventrales separadas. *12*
12 —Primera dorsal con 6 o más radios espinosos. *13*
—Primera dorsal con 4 radios espinosos. MUGILIDAE, lisas.
A. Con membrana ocular adiposa muy desarrollada. *Mugil cephalus*, cabezudo
AA. Membrana ocular adiposa muy poco desarrollada. B
B. Aleta anal con 11 radios blandos. *Oedalechilus labeo*, corcón
BB. Aleta anal con 8 o 9 radios blandos. C
C. Labio superior grueso con unas pequeñas protuberancias (papilas) dispuestas en una o varias hileras horizontales. *Chelon labrosus*
CC. Labio superior delgado y sin papilas. *Liza*
13 —Con 1 o 2 espinas en el opérculo. SERRANIDAE:
A. 2 espinas en el opérculo. Primera dorsal de 8 a 9 radios espinosos. *Dicentrarchus labrax*, lubina
—Con espinas en el opérculo. ATHERINIDAE:
A. 6 a 8 radios espinosos. *Atherina*

CLAVE XVH: CIPRÍNIDOS (CYPRINIDAE). CLAVE DE GÉNEROS Y ESPECIES

E —Aleta dorsal con más de 15 radios ramificados. *2*
—Aleta dorsal con menos de 14 radios ramificados. *3*
2 —Boca provista de 4 barbillones. *Cyprinus carpio*, carpa
—Boca sin barbillones. *Carassius carassius*, carpin

3 —Con barbillones alrededor de la boca. *4*
—Sin barbillones. *6*
4 —Boca con 2 barbillones. *5*
—Con 4 barbillones:
A. Aleta dorsal con el primer radio desprovisto de denticulaciones. *Barbus meridionalis*, barbo de montaña
AA. Aleta dorsal con el primer radio dentado. B
B. Barbillas bucales largas, llegando las posteriores hasta la vertical que pasa por el extremo posterior del ojo. *Barbus barbus*, barbo común
BB. Barbillas bucales cortas, las posteriores no llegan al extremo posterior del ojo. *Barbus comiza*, comiza
5 —Escamas grandes, menos de 60 en la línea lateral. *Gobio gobio*, gobio
—Escamas pequeñas, unas 80 escamas en la línea lateral. *Tinca tinca*, tenca
6 —Labios córneos, con el borde afilado; sobre todo el labio inferior. *Chondrostoma*, bogas, madrillas
—Labios carnosos. *7*
7 —Más de 75 escamas en la línea lateral. *Phoxinus phoxinus*, foxino
—Menos de 70 escamas en la línea lateral. *8*
8 —Dientes faríngeos en dos filas. *Leuciscus*, cachos
—Dientes faríngeos en una fila. *Rutilus*, bermejuela

PECES DE AGUA DULCE DE LA ARGENTINA*

Los peces de agua dulce de la Argentina comprenden 38 familias con unas 350 especies y subespecies. Esta clave permite identificar 27 familias y llegar a determinar los géneros y especies de fácil identificación o más comunes. En otros casos se indican los nombres de los géneros más comunes de la familia en cuestión y el número de otros géneros y el de especies. Para la familia *Tetragonopteridae*, la más extensa de la fauna considerada, se da separadamente una clave de subfamilias y dentro de éstas se sigue el mismo criterio que para la clave general. De los numerosos peces marinos que forman parte de la llamada fauna de penetración, que puede encontrarse en zonas estuariales o en aguas decididamente continentales incluimos solamente el bagre de mar.

Para la preparación de esta clave se han utilizado básicamente los trabajos de Ringuelet *et al* (1967) y Ringuelet y Arámburu (1961) que se citan *in extenso* en la bibliografía, con la gentil autorización de los autores.

1 —Cinco pares de aberturas branquiales en posición ventral. Cuerpo deprimido, en forma de disco: familia de las rayas de río (POTAMOTRYGONIDAE). Rayas o chuchos de río, *Potomatrygon* (4 spp.)
—Un par de aberturas branquiales tapadas por sendos opérculos o bien una única abertura ventral. *2*
2 —Peces de cuerpo asimétrico, con ambos ojos sobre el mismo flanco; que es coloreado: familia de los lenguados de río (ACHIRIDAE). Lenguados de río, *Achirus* (2 spp.)
—Peces de cuerpo simétrico. *3*
3 —Orificio branquial único, debajo de la cabeza y sin opérculo. Sin aletas pares. Cuerpo anguiliforme y sin escamas: familia de la anguila criolla (SYNBRANCHIDAE). Anguila criolla o pirá mboi, *Synbranchus marmoratus*
—Dos orificios branquiales. Con aletas pares. *4*
4 —Aletas pares filiformes. Cuerpo grueso y anguiliforme, escamado, con un repliegue impar y continuo dorsal, caudal y anal: familia de la lepidosirena (LEPIDOSIRENAE). Lepidosirena, loloch o pirá cururú o piramboia, *Lepidosiren paradoxa*
—Aletas pares con radios, de tipo corriente y no filiforme. 5
5 —Ano situado debajo de la cabeza. No hay aletas ventrales ni aleta dorsal. Aleta anal muy larga, la cual comienza inmediatamente por detrás del ano:
—Familia de la anguila o carapo (GYMNOTIDAE), 1 género, 1 sp. *Gymnotus carapo.*
—Familia de las banderitas o morenitas (RHAMPHICHTHYDAE), 4 géneros, 5 spp., *Hypopomus* (2 spp.), *Eigenmannia* (1 sp.) y otros 2 géneros.
—Familia de la morena negra (APTERONOTIDAE), 3 géneros, 4 spp. *Apteronotus* (2 spp.) y otros 2 géneros.

* Preparada por Roberto C. Menni y Hugo L. López, Laboratorio de Ictiología, Museo de La Plata.

LÁMINA XVE: PECES DE ARGENTINA

Figs.	Nombre vulgar y género	Longitud (mm)	Distr	Aguas	Fig.	Nombre vulgar y género	Longitud (mm)	Distr	Aguas
1.	Raya de río, *Potamotrygon*	892	NE	lóticas	9.	Hocicón, *Auchenipterus*	180	N, NE	lóticas
2.	Lenguado, *Achirus*	210	NE	ambas	10.	Surubí, *Pseudoplatystoma*	1090	NE	lóticas
3.	Ratona, *Eigenmannia*	420	NE	lóticas	11.	Bagre blanco, *Megalonema*	300	N, NE	lóticas
4.	Bagre de torrente, *Hatcheria*	148	CO	lóticas	12.	Bagre sapo, *Rhamdia*	350	N, NE	ambas
5.	Manduví, *Ageneiosus*	350	NE	lóticas	13.	Armado común, *Pterodoras*	700	NE	ambas
6.	Cucharón, *Sorubim*	470	N, NE	lóticas	14.	Cascarudo, *Callichthys*	182	NE	ambas
7.	Porteño, *Parapimelodus*	250	NE	ambas	15.	Vieja, *Plecostomus*	533	CO, C, NE	ambas
8.	Bagre rosado, *Hypophthalmus*	355	NE	lóticas	16.	Tararira, *Hoplerythrinus*	300	NE	quietas

—Ano en posición normal, por detrás de la cabeza y comúnmente por detrás de la mitad del cuerpo. Una o dos aletas dorsales. Aleta anal mucho más corta. *6*

6 —Peces sin escamas, con barbillas. *7*

—Peces con escamas. *16*

7 —Sin placas óseas sobre los flancos del cuerpo. *8*

—Con placas óseas sobre los flancos del cuerpo, dispuestas en una o más hileras. *14*

8 —Sin aleta adiposa. Sin barbillas mentonianas. Con espinas en el opérculo: familia de los bagres anguila y bagres de torrente (PYGIDIIDAE).

a —Con barbillas nasales: subfamilia de los bagres de torrente, bagres anguila o bagres serranos (PYGIDIINAE). *Pygidium* (8 spp.) y *Hatcheria* (9 spp.)

—Sin barbillas nasales. *b*

b —Boca amplia con numerosos dientes: subfamilia del camarón (STEGOPHILINAE). *Homodiaetus* (3 spp.)

—Boca estrecha, con pocos dientes débiles y puntiagudos: subfamilia de los chupa sangre, pirá candú o sanguijuelas (VANDELLINAE). *Branchioica* (2 spp.)

—Con aleta adiposa. *9*

9 —Barbillas sólo en la aguja superior. Adiposa pequeña: familia de los manduvíes (AGENEIOSIDAE):

—Caudal oblicuamente truncada, dorso gris azulado uniforme: el manduví o manduví cabezón, *Ageneiosus brevifilis.*

—Caudal ahorquillada, dorso con manchas irregulares negras sobre fondo claro: el manduví o manduví fino, *Ageneiosus valenciennesi.*

—Además de barbillas superiores o maxilares, hay barbillas mentonianas. *10*

10 —Ojos laterales, colocados detrás de la comisura de la boca y visibles tanto en vista dorsal como ventral. *11*

—Los ojos no se encuentran detrás de la comisura de la boca y son visibles únicamente en vista dorsal. Aberturas branquiales amplias. *13*

11 —Adiposa de base larga, unida en toda su extensión: familia del cucharón o manduví cucharón y del bagarito o porteño (PIMELODIDAE en parte) 2 géneros, 2 spp.

—El hocico (distancia preocular) es igual a la altura del cuerpo: el cucharón, *Sorubim lima.*

—La longitud del hocico cabe más de dos veces en la altura del cuerpo: el porteño, *Parapimelodus valenciennesi.*

—Adiposa pequeña, de base corta, adherida en su origen y libre en el resto. *12*

12 —Aletas ventrales colocadas por delante de la inserción de la dorsal: familia de los bagres rosados o manduvíes rosados (HYPOPHTHALMIDAE).

Bagres o manduvíes rosados, *Hypophthalmus* (2 spp.)

—Aletas ventrales colocadas por detrás de la inserción de la dorsal: familia de los hocicones y bagres rojizos (AUCHENIPTERIDAE).

Bagre cruz blanca, bagre rojizo, torito, *Trachycorystes* (4 spp.)

Hocicón, buzo, *Auchenipterus* (2 spp.)

13 —Membranas branquiales unidas entre sí, sobre el istmo. Aleta adiposa libre en la parte posterior: familia de los bagres de mar (ARIIDAE).

El bagre de mar o mochuelo, *Arius barbus*

—Membranas branquiales no unidas entre sí y libres del istmo. Aleta adiposa unida por toda su base: familia muy extensa, de los bagres, surubíes, hocicones y patíes (PIMELODIDAE, en parte).

a —Paladar con dientes: subfamilia de los surubíes y manguruyues (SORUBIMINAE) 5 géneros, 6 spp.

El surubí manchado, *Pseudoplatystoma coruscans.*

El surubí pintado, *Pseudoplatystoma fasciatum fasciatum.*

El manguruyú de las piedras, *Paulicea luetkeni.*

—Paladar sin dientes. *b*

b —El primer radio de las aletas dorsal y pectorales no es espinoso sino flexible: subfamilia de los patíes y el bagre blanco (LUCIOPIMELODINAE) 3 géneros, 3 spp.

I —La distancia interdorsal es mayor que la base de la dorsal. La dorsal reclinada llega a la mitad de la distancia interdorsal: el bagre blanco, bagre plateado o patí bastardo, *Megalonema platanum.*

—La distancia interdorsal es menor que la base de la adiposa. La dorsal reclinada llega al origen de la adiposa. II

LÁMINA XVF: PECES DE ARGENTINA

Fig.	*Nombre vulgar y género*	*Longitud*	*Distr*	*Aguas*
17.	Mandufia, *Ramnogaster*	82	CO	quietas
18.	Anchoa de río, *Lycengraulis*	210	NE	lóticas
19.	Piraña, *Serrasalmus*	270	N, NE	lóticas
20.	Chanchita, *Cichlaurus*	179	C, NE	ambas
21.	Corvina de río, *Plagioscion*	200	NE	lóticas
22.	Perca o trucha criolla, *Percichthys*	400	CO, S	lóticas
23.	Pejerrey, *Basilichthys*	720	E	ambas
24.	Lisa, *Mugil*	500	E, SE	ambas

Figs.	*Nombre vulgar y género*		*Distr*	*Aguas*
25.	Sábalo, *Prochilodus*	526	N, C, E	lóticas
26.	Pechito, *Thorachocharax*	60	N, NE	lóticas
27.	Machete, *Triportheus*	197	N, NE	lóticas
28.	Mojarra, *Cheirodon*	60	NE	ambas
29.	Mojarra, *Astyanax*	110	N, C, NE	ambas
30.	Chafalote, *Rhaphiodon*	800	N, NE	lóticas
31.	Dorado, *Salminus*	770	N, C, NE	lóticas
32.	Dientudo, *Oligosarcus*	224	N, C, NE	ambas
33.	Dientudo, *Cyrtocharax*	213	N, C, NE	lóticas

II —El espacio interdorsal es menor que el diámetro ocular. El último radio de la dorsal reclinada sobrepasa ampliamente el origen de la adiposa: el patí de aletas negras, *Perugia argentina.*

—El espacio interdorsal es igual a la longitud del último radio de la dorsal, la cual, reclinada, alcanza el origen de la adiposa: el patí, *Luciopimelodus pati.*

—El primer radio de las aletas dorsal y pectorales es una espina punzante y aserrada: subfamilia del bagre sapo, del bagre cantor, del bagarito y otros bagres (PIMELODINAE), 9 géneros, 23 spp.

Dos especies comunes en la provincia de Buenos Aires:

—La aleta adiposa se inicia inmediatamente detrás de la primera dorsal: el bagre sapo, *Rhamdia sapo.*

—La aleta adiposa se inicia a una distancia de la primera dorsal por lo menos el doble del diámetro del ojo: el bagarito, *Pimelodella laticeps.*

14 —Flancos con una sola hilera lateral de placas espinosas: familia de los armados (DORADIDAE), 8 géneros y 9 spp.

El armado común, *Pterodoras granulosus*

Otros armados, *Anadoras, Doras et al*

—Flancos cubiertos por dos o más hileras de placas laterales. *15*

15 —Dos hileras de placas en cada flanco. Boca no conformada en disco o ventosa. Un par de barbillas gemelas en cada rictus de la boca: familia de los cascarudos, tachuelas, amarillitos y basureros (CALLICHTHYDAE), 5 géneros, 9 spp.

Las tachuelas, *Corydoras*; el cascarudo, *Callichthys, et al*

—Más de dos hileras de placas en cada flanco. Boca conformada a manera de disco o ventosa. Un par de barbillas maxilares insertas en el borde del disco bucal: familia de las viejas de agua (LORICARIIDAE), 12 géneros y 44 spp.

a —Ano próximo al origen de la aleta anal y separado casi siempre de ella por una sola placa preanal o sin ella. Las placas ventrolaterales no se tocan en la línea media. *b*

—Ano separado del origen de la aleta anal por un par o más de placas ventrolaterales que se tocan en la línea media y por una placa preanal mediana. *c*

b —Con aleta adiposa: subfamiila de las viejas de agua (PLECOSTOMATINAE).

Plecostomus (9 spp.) y otros 4 géneros

—Sin aleta adiposa: subfamilia de la vieja (NEOPLECOSTOMATINAE).

Rhinelepis (1 sp.)

c —Péndulo caudal comprimido: subfamilia de los limpiavidrios (HYPOPTOPOMATINAE). *Otocinclus* (2 spp.) y otros dos géneros

—Pedúnculo caudal deprimido: subfamilia de las viejas y viejas de cola (LORICARIINAE). *Loricaria* (16 spp.) y dos géneros más

16 Aletas dorsal y anal sin radios espinosos *17*

—Aletas dorsal y anal con radios espinosos. *25*

17 —Una sola aleta dorsal; sin adiposa. *18*

—Dos dorsales; la segunda adiposa. *23*

18 —Quijadas aguzadas y prolongadas a modo de largo pico, mayores que el resto de la cabeza. Cuerpo fino y largo, cilíndrico. Aletas dorsal y anal colocadas posteriormente, próximas a la caudal y a la misma altura: familia de los peces aguja (BELONIDAE). El pez aguja, aguja de río o piratimbucú, *Strongylura microps*

—Quijadas normales, no conformadas como en los belónidos. *19*

19 —Peces con una barbilla maxilar a cada lado de la boca y sin dientes: familia del hemisferio norte, con una especie por lo menos, introducida en ambientes naturales de la Argentina (CYPRINIDAE). La carpa y la carpa de espejos, *Cyprinus carpio*

—Peces sin barbillas. En general con dientes. *20*

20 —Cabeza con escamas:

Familia de los pavitos y doraditos (CYPRINODONTIDAE).

Cynolebias (8 spp.) y tres géneros más

Familia de algunas madrecitas de agua (POECIILIDAE).

Cnesterodon y cuatro géneros más, *Gambusia* introducido.

Familia de las madrecitas de agua (JENYNSIIDAE).

Jenynsia (2 spp.).

—Cabeza sin escamas. *21*

21 —Sin línea lateral. *22*
—Con línea lateral. Aleta caudal de contorno redondeado. Dientes caniniformes: familia de la tararira (ERYTHRINIDAE).
La tararira o tarucha, *Hoplias malabaricus* y *Hoplerythrinus* (1 sp.)

22 —Boca pequeña, oblicua, cuya abertura no sobrepasa al ojo. Quijadas subiguales, sin hocico saliente. Generalmente presentan una hilera de placas a lo largo del vientre: familia típicamente marina, cuyas formas de agua dulce, llamadas lachas, sardinas y mandufias son formas intrusas o de penetración (CLUPEIDAE).
a —Escamas con los bordes en forma de peine (pectinadas): las lachas, *Brevoortia* (2 spp.).
—Escamas de borde liso. *b*
b —Anal con más de 30 radios. Quijada superior con una muesca mediana débil: la lacha, lacha pelada o salaca, *Pellona flavipinnis.*
—Anal con menos de 30 radios. Quijada superior sin muesca mediana: las sardinas de río o mandufias, *Ramnogaster* (2 spp.).
—Boca grande, más o menos horizontal e ínfera, cuya abertura sobrepasa el ojo. Quijadas desiguales, la superior prolongada a modo de hocico. El vientre puede ser filoso, pero no tiene placas: familia típicamente marina de las anchoas de río (ENGRAULIDAE). Anchoas de río, *Lycengraulis* (2 spp.)

23 —Abdomen aquillado y aserrado, con una serie mediana de escudetes o placas óseas. Cuerpo notoriamente comprimido y alto, de contorno orbicular: familia de las pirañas o palometas y de los pacúes (SERRASALMIDAE).
—Dientes en una sola hilera en ambas quijadas, triangulares y muy cortantes: pirañas o palometas, *Serrasalmus* (6 spp.).
—Dientes superiores en dos hileras y en general de tipo molariforme o incisor: pacúes y pacucitos, *Mylossoma* (3 spp.) y tres géneros más.
—Abdomen sin serie mediana de escudetes o placas óseas. *24*

24 —Con 3 a 5 radios branquiostegos: la familia de peces de agua dulce más importante de la Argentina, con más de 20 subfamilias, que incluyen peces de mucha importancia comercial y deportiva como el dorado y el sábalo (TETRAGONOPTERIDAE).
—Con 10 a 20 radios branquiostegos: familia de los salmones del hemisferio norte, varias especies introducidas, de las que sólo prosperan algunas (SALMONIDAE).
La trucha marrón o trucha europea; la trucha arco iris y el salmón de lago, *Salmo* (3 spp.).
La trucha de arroyo, *Salvelinus fontinalis.*

25 —Aleta dorsal única y larga, sin escotadura en V. Entre la porción anterior espinosa y la porción blanda. Un par de narinas. Línea lateral dividida en dos tramos ampliamente separados: familia de las chanchitas y cabeza amarga (CICHLIDAE), 7 géneros, 28 spp.
Algunas de las chanchitas, *Geophague* (5 spp.)
Los cabeza amarga, *Crenicichla* (6 spp.)
Las chanchitas, palometas y peines, *Cichlaurus* (2 spp.).
—Dos aletas dorsales separadas o bien una sola, pero con una escotadura en V entre la porción espinosa y la sostenida por radios blandos. Dos pares de narinas. La línea lateral no está dividida en dos tramos separados. *26*

26 —Aletas dorsales contiguas, separadas por una escotadura en V. *27*
—Aletas dorsales separadas. *28*

27 —Aleta anal con 1 o 2 espinas. Línea lateral prolongada sobre los radios de la aleta caudal: familia de abolengo marino, representada en las aguas continentales por las corvinas de río (SCIAENIDAE), 2 géneros, 3 spp.
—Opérculo inerme, con rudimento de una punta chata. Dientes indiferenciados, papiliformes, *Pachyurus* (2 spp.).
—Opérculo con una o dos espinas chatas. Dientes en varias hileras, *Plagioscion macdonaghi.*
—Aleta anal con 3 espinas. Línea lateral no prolongada sobre los radios caudales: familia de las percas o truchas criollas, exclusiva de las aguas dulces argentino-chilenas (PERCICHTHYDAE), 1 género, 5 spp.
Las percas o truchas criollas, *Percichthys*

28 —Con una estola plateada sobre cada flanco. Anal con una espina. Cabeza relativamente larga y angosta: familia de los pejerreyes (ATHERINIDAE).

I —70 o más escamas en la línea lateral, *Basilichthys microlepidotus.*
—Menos de 60 escamas en la línea lateral. II
II —La aleta dorsal primera se implanta sobre la vertical que pasa por el ano. La dorsal segunda termina al mismo nivel que la aleta anal o apenas posteriormente. Escamas en la hilera transversal 11 a 15, *Basilichthys bonariensis bonariensis.*
—La aleta dorsal primera comienza detrás de la vertical que pasa por el ano. La dorsal segunda termina más atrás del final de la aleta anal. Escamas de la hilera transversal 10, *Basilichthys perugiai.*
—Sin estola plateada. Aleta anal con 2 o 3 espinas. Cabeza ancha y aparentemente corta, debido a la boca pequeña y a la posición adelantada de los ojos: familia de las lisas (MUGILIDAE), 1 género, 2 spp. Las lisas, *Mugil* (2 spp.)

DORADO, MOJARRAS, DIENTUDOS, BOGAS, ETC. (TETRAGONOPTERIDAE)

1 —Boca totalmente edéntula: subfamilia de los sabalitos (CURIMATINAE).
El sabalito, *Pseudocurimata* (3 spp.) y otros 9 géneros
—Con dientes en una o ambas quijadas o en los labios. *2*
2 —Boca protráctil con numerosos aunque inaparentes dientecillos finos en los labios. Surco mediano ventral desde las ventrales al ano: subfamilia de los sábalos (PROCHILODONTINAE). Los sábalos, *Prochilodus* (4 spp.)
—No hay dientes diminutos en los labios, sino dientes normales en una o ambas quijadas. *3*
3 —Membranas branquiales firmemente unidas al istmo. Ninguno de los dientes es cónico ni canino. *4*
—Membranas branquiales libres del istmo o apenas unidas a él en la parte delantera. La quijada inferior tiene dientes en la parte media y a los lados. 5
4 —Boca pequeña, terminal o ínfera, con cuatro a seis dientes de cada lado en ambas quijadas, inclinados como los de los roedores, de borde truncado oblicuamente o lobulado. Hocico cónico y anal corta: subfamilia de algunas bogas y el jikii (LEPORININAE). Las bogas, *Leporinus* (7 spp.); el jikii, *Abramites solarii* y *Leporellus* (1 sp.)
—Boca pequeña, algo oblicua, con dientes incisivos en una sola serie de 8 en cada quijada, los delanteros inferiores no están inclinados hacia adelante y son trífidos: subfamilia de algunas bogas y las bogas lisas: (ANOSTOMATINAE).
Las bogas y bogas lisas, *Schizodon* (3 spp.) y *Anostomus* (1 sp.)
5 —Línea lateral oblicua, terminando abajo, antes del origen de la anal. Cuerpo corto y alto. Pectorales largas, falciformes.· Área preventral muy comprimida, formando un borde saliente y filoso: subfamilia del pechito (GASTEROPELECINAE).
El pechito, chirola o pechudito, *Thoracocharax stellatus*
—La línea lateral, completa o incompleta, no es como se indica en 5 y tiene un recorrido más o menos horizontal. 6
6 —Cuerpo muy comprimido, de contorno superior recto. Área preventral formando un borde filoso a modo de pecho más o menos saliente. Aletas pectorales grandes, cuyos extremos sobrepasan la inserción dorsal. Línea lateral en la mitad inferior del flanco, más cerca de la anal que de la línea media: subfamilia de los machetes o golondrinas (TRIPORTHEINAE).
El pirá guirá, machete o chape, *Triportheus paranensis*
—Otra combinación de caracteres. *7*
7 —No hay dientes cónicos ni caninos en las quijadas. Los dientes son multicúspides, con tres a siete puntitas cada uno o bien de tipo incisivo. *10*
8 —Dos series de dientes en la quijada inferior, con un par de caninos adicionales en la sínfisis. Quijada superior con tres series de dientes tricúspides. Aletas ventrales insertas delante de la vertical que pasa por el origen de la dorsal. Origen de la dorsal delante del origen de la anal: subfamilia del pirá pitá (BRYCONINAE).
El pirá pitá, salmón criollo o salmón del Paraná, *Brycon orbignyanus*
—Una sola serie de dientes en la quijada inferior. *9*

9 —Una sola serie de dientes en la quijada superior. Línea lateral por lo común incompleta o en dos tramos: una de las subfamilias de mojarras (CHEIRODONTINAE).
Mojarras, *Cheirodon* (3 spp.); *Aphyocharax* (6 spp.) y otros 5 géneros.
—Dos series de dientes en la quijada superior: una de las subfamilias de mojarras (TETRAGONOPTERINAE), 10 géneros y 29 spp.
Especies comunes en la provincia de Buenos Aires:
I —Línea de poros incompleta, con 8 a 15 escamas perforadas: mojarra, *Hyphessobrycon anisitsi.*
—Línea de poros completa desde el opérculo hasta la base de la caudal. II
II —Con una mancha caudal prolongada hasta el extremo de los radios caudales medios y hacia adelante a lo largo del flanco. Ojos relativamente muy grandes: mojarra, *Astyanax eigenmanniorum.*
—Sin mancha ni línea oscura en el flanco. Ojos relativamente pequeños: mojarra, *Bryconamericus iheringi.*
10 —El área preventral forma una quilla o cresta cortante. Perfil dorsal del cuerpo casi recto. El origen de la dorsal se encuentra detrás del origen de la anal y ambas aletas se insertan en la mitad posterior del cuerpo: subfamilia del chafalote (RHAPHIODONTINAE). El chafalote o machete, *Rhaphiodon vulpinus*
—El área preventral no forma una quilla. Sin la precedente combinación de caracteres. El hocico no es notoriamente largo, ni las quijadas aguzadas. *11*
11 —Dientes cónicos y cortos, en dos filas regulares en ambas quijadas. No hay dientes en el paladar. Pectorales alejadas de las ventrales. La distancia entre el origen de las pectorales y el origen de las ventrales es aproximadamente igual a la longitud de la cabeza. La distancia del hocico al origen de la dorsal es igual o ligeramente mayor a la distancia entre el hocico y el origen de las aletas ventrales. El borde posterior de la caudal no es entrante: subfamilia del dorado (SALMININAE).
El dorado o pirayú, *Salminus maxillosus*
—Dientes cónicos y finos, caninos irregulares. Las pectorales cubren a las ventrales o están muy cerca. La distancia entre el origen de las pectorales y el origen de las ventrales es apreciablemente menor que la longitud de la cabeza. Distancia del hocico al origen de la dorsal apreciablemente mayor que la distancia del hocico al origen de las ventrales. Caudal con el borde posterior en ángulo entrante. *12*
12 —Anal muy larga, su base es ½ a ⅓ de la longitud del cuerpo. La línea vertical que que pasa por el origen de la anal cae por delante, coincide, o pasa por la mitad posterior de la dorsal. No hay dientes en el paladar: una subfamilia de dientudos o dentudos (CHARACINAE), 5 géneros y 8 spp.
Cynopotamus (2 spp.), *Roeboides* (3 spp.) y otros 3 géneros.
—Anal más breve, su base cabe más de 3 veces en la longitud del cuerpo. La línea vertical que pasa por el origen de la anal coincide más o menos con el extremo posterior de la dorsal. Hay dientes en el paladar: una subfamilia de dientudos o dentudos (ACESTRORHYNCHINAE), 2 géneros, 5 spp.
Oligosarcus (4 spp.) y *Acestrorhynchus* (1 sp.)

BIBLIOGRAFÍA

Aramburu, R. H., Meni, R. C. y San Román, N. A.
1969 *Nuevos aportes al conocimiento ictiológico de lagunas de la Pampasia bonaerense.* Trabajos Técnicos, IV etapa (1968-69). Convenio Estudio Riqueza Ictícola, 2: 79 pp. Mimeografiado. Dción. Recursos Pesqueros. La Plata.
Devincenzi, G. J. y G. W. Teague
1942 *Ictiofauna del rio Uruguay medio.* An. Mus. Hist. Nat. Montevideo (Ser. 2), 5 (4): 1-104, figs. 1 a 87, 5 láms.
Eigenmann, C. A.
1909 *The fresh water fishes of Patagonia and an examination of the Archiplata-Archelenis theory.* Rep. Princenton Univ. Exped. to Patagonia, 1896-1899, 3, parte 1, Zool. 225-374, láms. 30 a 37.
1917-1927 *The american Characidae.* Mem. Harvard Mus. comp. Zool. 43.
Fowler, H. W.
1950 *Os peixes de água doce do Brasil.* Arq. Zool. S. Paulo, 6 (2): 205-404, figuras 238 a 447.

Fuster de Plaza, M. L.
1950 *Una contribución al conocimiento del dorado* (*Salminus maxillosus*, Cuv. & Val). Rev. Mus. La Plata (N.S.), 6 Zool.: 171-214, 24 figs., 2 láms.

Lahille, F.
1923 *Los peces argentinos del grupo de los Esociformes*. Rev. Fac. Agron, Vet., 4: 161-195, 10 figs.

Mac Donagh, E. J.
1938 *Contribución a la sistemática y etología de los peces fluviales argentinos.* Rev. Mus. La Plata (N.S.), 2: 119-208, 5 láms.
1950 *Las razas de percas o truchas criollas (Percichthys) y su valor para la repoblación pesquera.* Rev. Mus. La Plata (N.S.), Zool., 6 (39): 71-170, 34 figs., 4 láms.

Menezes, N. A.
1969 *Systematics and evolution of the tribe Acestrorhynchinae (Pisces, Characidae).* Arq. Zool. S. Paulo, 18 (1-2): 1-150, 104 figs.

Ringuelet, R. A.
1975 *Zoogeografía y ecología de los peces de aguas continentales de la Argentina y consideraciones sobre las áreas ictiológicas de América del Sur.* Ecosur, 2 (3): 1-122, 11 figs., 10 láms.

Ringuelet, R. A. y Arámburu, R. H.
1961 *Peces argentinos de agua dulce.* Claves de reconocimiento y caracterización de familias y subfamilias, con glosario explicativo. Agro, 3 (7): 1-97, 9 figs.

Ringuelet, R. A.; Arámburu, R. H. y Alonso de Arámburu, A. S.
1967 *Los peces argentinos de agua dulce.* Com. Inv. Cient. Pcia. Buenos Aires, 602 pp., 10 láms., 37 figs.

Travassos, H.
1951-1952 *Catalogo dos generos da subordem Characoidei (Actinopterygii, Cypriniformes).* Dusenia II (4): 273-292, II (5): 340-360, II (6): 429-434, III (2): 141-189, III (3): 235-250, III (4): 312-328.

SEGUNDA PARTE

Métodos de muestreo y análisis de los organismos acuáticos y de su medio ambiente

En esta segunda parte se expone el material y métodos usados en la recogida de organismos acuáticos y se apuntan sugerencias para su cuidado y conservación. Debido a la gran importancia que hoy en día reciben los estudios cuantitativos de aguas lénticas y lóticas, aquí se describen métodos de recogida de muestras cuantitativas del fondo de riachuelos y lagos. También se describen métodos de análisis químicos de agua. Finalmente se sugieren como complemento una serie de estudios tanto genéricos como específicos.

El aprendizaje de alumnos y aficionados se basará en la realización de salidas al campo para la recolección de organismos y en el análisis de las características de cada tipo de medio acuático seleccionado para su estudio. Posteriormente debe realizarse una identificación y análisis, en el laboratorio, de los materiales recogidos, así como una memoria.

MATERIAL

1. Equipo personal:

a) Ropa adecuada para el trabajo en el campo, incluyendo botas de goma y demás accesorios impermeables.

b) Libreta, lápices duros y blandos para marcaje, dibujo y esquematización.

c) Lupas y equipos de disección de los generalmente usados en biología.

d) Recipientes adecuados para el transporte, en condiciones adecuadas, del material vivo y viales conteniendo alcohol del 70 % para la conservación de las muestras.

2. Equipo de uso general:

Se aconseja tener en cuenta los siguientes puntos para el descubrimiento y manipulación de los invertebrados más comunes del fondo de ríos y lagos:

a) Para examinar las muestras recién recogidas son excelentes las cubetas de fondo blanco aproximadamente de 7 × 10 × 2 pulgadas. Al vaciarse la red sobre la cubeta los animales, que estaban ocultos entre los restos vegetales, se hacen más visibles al resaltar sobre el fondo blanco. Mediante el aspirador que se muestra en la figura 7, se pueden recoger fácilmente sin ser dañados.

b) Un filtro manual como el que se muestra en la figura 8, es el instrumento más útil para la recogida de animales pequeños en riachuelos rápidos. Una persona lo sostiene contra corriente, mientras que otra, situada un poco más arriba que la primera, levanta piedras. Los insectos desalojados de sus habitáculos son arrastrados por la corriente, pasan por encima del filtro y éste es sacado del agua. Los insectos más grandes y visibles pueden recogerse con la mano, pero es mejor arrojar la captura en una cubeta de fondo blanco, como se describió anteriormente y después utilizar el aspirador. Tanto los insectos grandes como los pequeños pueden capturarse de este modo.

Si las agarraderas están hechas de madera ligera, sauce o pino, es fácil depositar las muestras en la cubeta. Se tienen que coger las dos agarraderas con una mano, pasarlas a

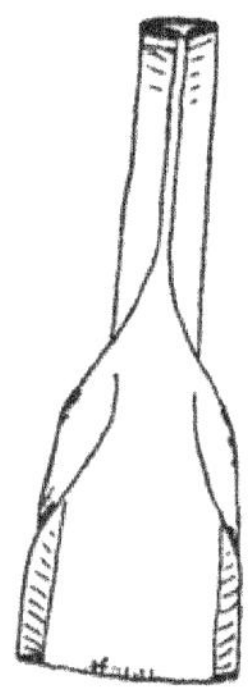

FIG. 7

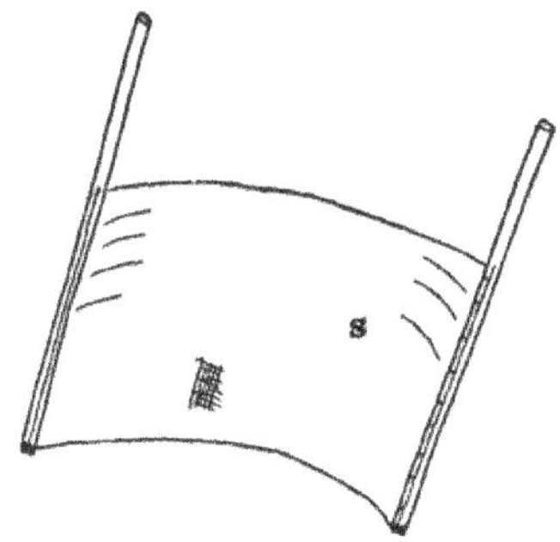

FIG. 8

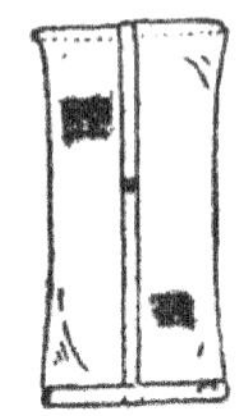

FIG. 9

la otra mano que a su vez sujeta la cubeta, al mismo tiempo que se da una rápida sacudida. De este modo todas las muestras pasarán a la cubeta.

c) Si se quieren mantener las muestras vivas, lo mejor es utilizar el aparato descrito en la figura 9. Se puede construir con cualquier tipo de malla y de todas dimensiones. Se puede sumergir en un riachuelo, una charca o una cisterna. Cuando sólo se sumerge un poco es un buen instrumento para obtener insectos acuáticos. Como un metro cuadrado de tela metálica es suficiente para obtener cuatro bolsas de un tamaño adecuado.

d) También son muy útiles, para trabajar sobre lechos de algas en charcas, las redes de inmersión vendidas por los abastecedores de instrumentos de recolección.

e) Un tamiz de metal bien reforzado y fuerte es lo más adecuado para recoger muestras de fondo. A la vez que recogen el lodo, lo criban. Lleva una larga agarradera y se usa a modo de rastrillo desde la orilla (fig. 10). Un rastrillo de jardinero es lo más adecuado cuando hay mucha hojarasca en el fondo.

f) En caso de que el agua sea profunda se puede usar como draga el mismo tamiz de metal cambiando el mango corto por uno más largo. Entonces, se ata una cuerda al extremo del mango, la red sumergida es arrastrada desde un barco que se va moviendo lentamente. Cuando el material del fondo se sube a la superficie, se filtra antes de ser examinado.

g) Para obtener animales microscópicos se usan redes de plancton de tejido de seda que actúa como filtro. La malla más adecuada para obtener una buena y variada captura es la número 12.

h) Para obtener algas acuáticas existen varios tipos de anzuelos, pero no hay nada mejor que un anillo de alambre con púas. También son de gran ayuda otros instrumentos más comunes, como por ejemplo el anillo de heno y el muestreador de margas de pantano.

i) Una red de plancha de protección como la de la figura 11, es uno de los mejores aparatos de recolección usado con muchos propósitos distintos. Tiene una forma tal, en su parte anterior, que se puede introducir a través de algas, bajo hojarasca del fondo. Al tener una malla bastante grande permite entrar a los animales, mientras que las algas y la hojarasca gruesa quedan fuera. Al hacer una última introducción en el agua, ésta se lleva a las capturas hacia la parte posterior, siendo fácilmente accesibles al investigador.

Los animales más pequeños que están entre la hojarasca dentro de la red, se pueden encontrar mejor batiendo el contenido de la misma sobre una cubeta blanca donde su actividad revelará su presencia. Se pueden tomar del agua sin ser dañados y de un modo más fácil con un aspirador del mismo tipo que el de la figura 7.

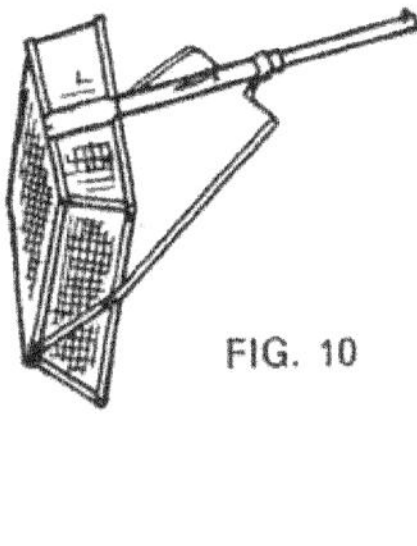

FIG. 10

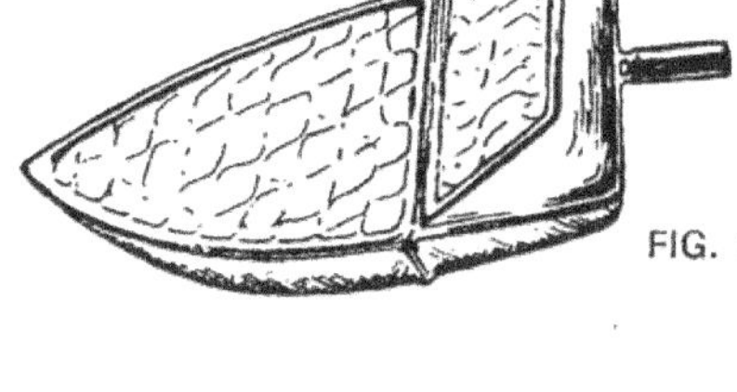

FIG. 11

Esta red también se puede usar para escarbar y tamizar el lodo y la arena del fondo y así obtener animales que viven escondidos entre ellos. También se puede usar para recoger insectos y animales que abundan entre las piedras de riachuelos rápidos. Para ello se coloca, contra el fondo, con la parte anterior hacia afuera y dirigida a contracorriente, al mismo tiempo que se mueven las piedras que están sobre la red. Los animales son desplazados por este movimiento y son barridos por la corriente introduciéndose en la red. Los montones de hojas que producen obstrucciones, pueden ser removidos del mismo modo para obtener los animales que se ocultan entre ellos.

El material necesario para impartir una clase de campo a 20 estudiantes es el siguiente:

Cubetas blancas esmaltadas	10	Filtros de mano	5
Aspiradores	20	Anillos para algas	2
Redes de inmersión	10	Redes de plancto	1
Redes de tamiz	2	Termómetros	1

INSTRUCCIONES PARA LA OBTENCIÓN DE MUESTRAS *

Los botes con agua, que contienen organismos vivos recogidos en el campo, se tienen que dejar abiertos y es preferible mantenerlos en una caja con hielo o en una habitación fría hasta que sean utilizados. Estos botes no se deben cerrar herméticamente, ya que esto acarrearía una disminución de la concentración de oxígeno en su interior, que junto con el calentamiento del agua produciría la muerte de los organismos. Es mucho mejor introducir las muestras en alcohol del 70 % si el período de tiempo comprendido entre la recogida y el estudio de las muestras va a ser largo.

Para mantener peces vivos, éstos deben ser colocados en botes destapados provistos de un compresor, o bien en acuarios u otros recipientes similares. Se debe tener cuidado en el número de animales que contiene cada recipiente para evitar posibles competencias. El método más seguro, para mantener el número adecuado de animales, consiste en introducir dos o tres lampreas o foxinos, de 10 cm de largo, por cada 4 litros de agua, aunque este número puede ser mayor si se mantiene la concentración de oxígeno mediante aireación. Puede utilizarse agua del grifo, siempre y cuando no contenga cloro; la parte superior del recipiente se cubrirá con una tela metálica que permita el paso del agua, de este modo podrán conservarse los organismos cuyo hábitat sea el agua de río. Por otra parte, los animales que viven en charcas de agua templada sólo necesitan botes abiertos sin cubiertas o tapaderas.

Ninfas de libélula depredadoras, larvas de escarabajo buceadoras y otras formas grandes y carnívoras deben colocarse en recipientes separados, de lo contrario se alimentarían de formas más pequeñas como ninfas de plecópteros y efemerópteros, larvas de dípteros, ninfas de caballitos del diablo y quisquillas. Del mismo modo los peces pequeños se deben separar de los mayores.

Todas las piedras, rocas, conchas de mosluscos y otros materiales duros se deben separar de las muestras, si éstas se quieren transportar a cierta distancia, ya que estos materiales al moverse en el fondo de los recipientes pueden dañar las ninfas y larvas de insectos. Por otra parte, las hojas y trozos de plantas acuáticas servirán de cobijo a muchos de los animales recogidos, al mismo tiempo que ayudarán a mantenerlos vivos.

MÉTODOS DE MUESTREO CUANTITATIVO DE ORGANISMOS DEL FONDO

Los dos tipos de equipo más comúnmente usados son: el muestreador de fondo de Surber (fig. 12) y la draga de Ekman (fig. 13). Este último sirve para conseguir muestras en unos 90 cm^2, mientras que el primero cubre una superficie diez veces mayor. El muestreador de Surber está diseñado para ser usado en arroyos de aguas poco profundas y no puede usarse satisfactoriamente en aguas rápidas, con una profundidad superior a 40 cm, o en fondos donde el sustrato esté compuesto por cascotes y cantos rodados.

Ambos muestreadores pueden adquirirse en casas suministradoras de material biológico.

* Para los métodos de conservación y cultivo de animales acuáticos, consúltese *Culture Methods for Invertebrate Animals*, de J. G. Needham y col., Comstock Publishing Co., Itaca, N. Y., 1937.

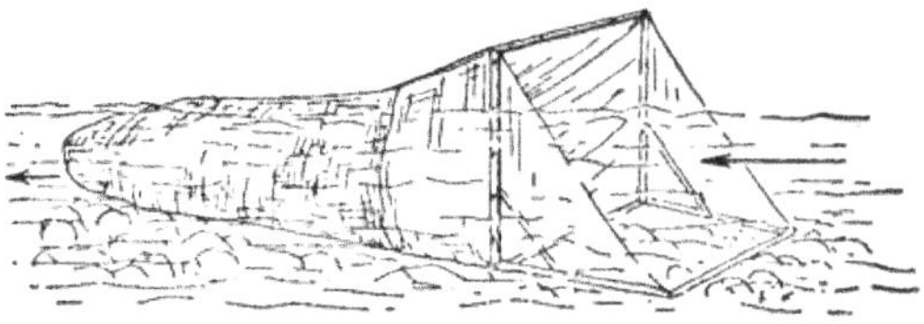

FIG. 12. Muestreador de fondo de Surber.

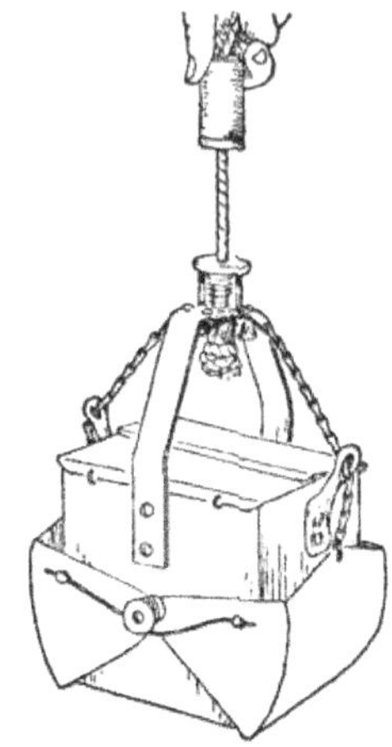

FIG. 13. Draga de Ekman.

Método de muestreo del fondo de un riachuelo. El muestreador de Surber está construido con latón ligero y se pliega perfectamente para facilitar su transporte por el campo. Está formado por dos marcos unidos por bisagras. Uno de los marcos contiene la red, ésta se ensancha por acción de la corriente y de este modo recoge las muestras. El otro marco delimita la zona a muestrear (cuadrado de 30 cm). Para su uso adecuado, la abertura de la red debe estar dirigida en contracorriente. El marco que circunscribe el área a muestrear debe estar bien colocado en el fondo. Para ello, la persona que lo utiliza ejerce presión sobre él con las rodillas, mientras que con las manos saca las piedras más grandes y dirige hacia la red a los organismos que se encuentran bajo ellas. Luego, se remueve ligeramente con los dedos, la zona de estudio, para desalojar a los organismos de sus hábitats. El contenido de la red se deposita, por decantación, en un cubo lleno de agua hasta la mitad. Generalmente también se recogerán algunas piedras, así como arena fina y arena gruesa. Esta última se puede separar fácilmente del resto, para ello se hace girar rápidamente el agua y se decanta sobre un tamiz de malla (28). Como los organismos son más ligeros que el resto, flotarán y se concentrarán en el tamiz. No se debe echar arena o piedras pequeñas en el tamiz. Seguidamente se llena, de nuevo, el cubo de agua y se repite el proceso hasta que todos los organismos se han separado del resto de materiales. Para mayor seguridad se vacía el contenido del cubo en una cubeta esmaltada de blanco y se comprueba la total ausencia de organismos. Este hecho confirmará la efectividad del proceso.

El siguiente paso consiste en transferir las muestras del tamiz a una botella. Si los organismos se encuentran repartidos sobre el fondo del tamiz, junto con una pequeña cantidad de hojarasca, se deben concentrar en un extremo mediante la adición de un poco de agua y agitación. Luego se inclina el tamiz sobre una botella de cuello ancho y cuidadosamente se añade agua con el fin de que los organismos sean arrastrados hacia la botella. Debe tenerse especial cuidado en no decantar ni arena, ni piedras, ni materiales duros, del cubo al tamiz ni de éste a la botella. Después de marcar las muestras adecuadamente, se transportan al laboratorio donde se procede a separar los organismos vivos de la hojarasca ligera (hojas, raíces, tallos de plantas, algas, etc.) y se determina el peso fresco y el volumen).

Generalmente antes de empezar el trabajo de campo, se deben rellenar unas fichas para ir registrando las condiciones bajo las cuales se recoge cada muestra. Las fichas poseen varias columnas con los siguientes encabezamientos: número de muestra, fecha, hora, temperatura del aire y del agua, anchura del riachuelo, profundidad en el punto de muestreo, tipo de fondo, velocidad de la corriente (que se determina mediante un corcho o un aparato automático), nombre de la persona que realiza el muestreo, peso fresco en gramos o volumen en cm^3 de los organismos recogidos y observaciones. En la última columna se deja espacio suficiente para diversos comentarios tales como: color del agua, turbidez, abundancia de plantas acuáticas, evidencia de polución y otros factores. Las fichas con estos datos se deben cumplimentar inmediatamente después de recoger cada muestra.

SUGERENCIAS PARA FICHAS DE DATOS

Para registrar cuantitativamente el número y estado de desarrollo de muestras de cada tipo de organismos, recolectados en fondos de ríos y lagos.

Muestra fondo río

Nombre del río ______ Fecha ______
Muestra n.° ______ Estación n.° ______
Anchura ______ Caudal/seg ______
Profundidad ______ Temp.: aire ______
Tipo de sustrato ______ agua: ______
______ Tiempo ______
Peso neto alimento ______ gms. Recogido por ______

Orden	Núm. total	Estado*	Porcentaje	Observaciones
Tricópteros				
Efemerópteros				
Dípteros				
Plecópteros				
Coleópteros				
Neurópteros				
Crustáceos				
Varios				
Totales				

Muestra fondo lago

Muestra n.° ______ Estación n.° ______ Fecha ______
Nombre del lago ______ R. ______ T. ______ S. ______
País (comarca) ______ Tipo sustratom ______
______
Temp: aire ______ Profundidad ______
agua: ______ Vegetación ______
tiempo ______ Distancia a la superficie ______
Peso neto alimento ______ gms. Recogida por: ______

Orden	Núm. total	Estado*	Porcentaje	Observaciones
Moluscos				
Efemerópteros				
Dípteros				
Oligoquetos				
Coleópteros				
Neurópteros				
Crustáceos				
Varios				
Totales				

* *L* para larvas; *N* para ninfas; *P* para pupas; *A* para adultos.

Las muestras no se deben tomar de zonas de aguas de fondos turbulentos, ni de zonas de paso de ganado, ni de aquellas cuyas condiciones iniciales hayan sufrido algún cambio y, por supuesto, evitar andar sobre la zona elegida.

Los organismos que constituyen la fauna de los arroyos son muy frágiles y la más pequeña alteración puede producir grandes cambios. Este es el motivo de que las fuertes inundaciones dejen los arroyos prácticamente sin macrofauna.

El siguiente paso es separar los animales de la hojarasca ligera y pesarlos o medir su volumen. Se emplea mucho tiempo en la separación manual de cada organismo de la hojarasca, pero esto es esencial para un trabajo cuantitativo. Se han probado varios métodos para encontrar un modo rápido y simple de separar los organismos de la maleza, pero hasta la fecha ninguno ha tenido el suficiente éxito.

El método más eficiente empleado hoy en día, consiste en remover el agua del bote al mismo tiempo que se van decantando pequeñas cantidades en una cubeta esmaltada de blanco. Posteriormente se añade una pequeña cantidad de agua y se van cogiendo los organismos con unas pinzas o con una pequeña placa (fig. 7). Los organismos se deben colocar en otra bandeja con agua limpia; a partir de este momento se puede empezar el pesaje. Cada vez se tiene que coger una pequeña porción de la muestra, ya que las grandes cantidades de desechos pueden dificultar la percepción de los organismos. Se debe añadir a la botella agua limpia, para facilitar la separación de los animales de la materia inerte.

Se tiene que determinar el peso y volumen ya que el mero hecho de contar los organismos no da una visión adecuada de su abundancia. Muchas muestras pueden contener gran número de animales pequeños, pero su peso total no será grande. Los cangrejos, larvas de jerguillas, ninfas de plecópteros y efemerópteros contribuyen en mayor grado al peso total que las formas más pequeñas pero más numerosas. Cuando en alguna muestra se recogen peces y salamandras, no se deben tener en cuenta puesto que no forman parte de la fauna del fondo.

Los caracoles, almejas, larvas de jerguillas u otros animales con concha, deben ser desprovistos de la misma antes de ser pesados, o se debe aplicar un factor que reduzca el peso total del animal al peso de su cuerpo. En la práctica es mucho mejor aplicar el primer método anotando las cifras obtenidas como el peso total del animal.

Para determinar el peso total fresco de los organismos se usa una balanza de torsión. Primero se vierte la colección sobre una tela de malla fina tal como la de un colador. La tela, con los organismos que contiene, se coloca durante un minuto sobre un papel secante para quitar el exceso de humedad. Los organismos se transfieren a un platillo de balanza (o mejor a un recipiente de vidrio tarado); para ello se coloca el recipiente sobre la tela de malla, se invierte el conjunto y se golpea ligeramente sobre la tela para que caigan los organismos sobre el platillo.

Para obtener los animales adheridos al colador, se golpea éste sobre el fondo mojado de una bandeja esmaltada de blanco, de este modo se pueden ver y recoger con facilidad. Si la pesada se hace con rapidez, se minimiza la pérdida de agua y puede estandarizarse la operación. Las muestras pesadas se conservan en alcohol etílico al 70 %, se marcan y quedan así preparadas para la determinación de género y especie.

En las fichas anteriormente señaladas se indica el peso fresco en gramos, al lado del número de muestra. Generalmente se hace una copia, en papel carbón, de todas las fichas para tener una referencia si alguna de ellas llegara a perderse.

Para determinar el volumen de una muestra se sigue un proceso semejante. Se mantienen los organismos en papel secante durante un minuto; se vierten, luego, en un tubo de centrífuga graduado lleno de agua hasta un determinado nivel. La diferencia de niveles indica el volumen de la muestra en cm^3.

La medida del peso fresco es preferible a la del volumen, ya que los resultados obtenidos se pueden convertir rápidamente en g/cm^2, o cualquier otra unidad de superficie.

Método de muestreo de los fondos de lagos. El muestreo de la fauna del fondo de aguas estáticas requiere el uso de la draga de Ekman (fig. 13) u otros aparatos igualmente apropiados. La draga de Ekman consiste en una caja de latón, cuadrada, de 15 cm, que posee unas pinzas que se cierran por mediación de muelles. Estas pinzas se mantienen abiertas, en la superficie, mediante unas cadenas unidas a un determinado mecanismo. Se hace descender el aparato al fondo del lago; luego se eleva aproximadamente 30 cm y se mantiene así durante unos instantes para centrarlo bien a fin de conseguir una caída vertical directa. Una vez efectuada esta operación se hace caer por la cuerda un mensajero de metal que dispara el liberador del muelle de modo que se cierran las pinzas. Se eleva el drenador manteniéndolo bajo la superficie del agua. Esto es importante para evitar que se pierdan organismos al transferir las muestras de la draga al cubo. La transferencia se realiza introduciendo, bajo la superficie del agua, un cubo inclinado que recoge la draga cuando se extrae del agua. Más tarde el contenido de la draga se vacía directamente en el cubo, evitando de este modo la pérdida de organismos.

El siguiente paso será realizar una filtración (con maya 28) de los organismos junto con los sedimentos del fondo. Así las pupas y larvas de las moscas de agua y demás formas pequeñas no serán dañadas. Si queda sedimento en el fondo del cubo, se va diluyendo hasta que todo pase a través del tamiz; luego se transfieren las muestras a una botella y se realizan todos los procesos descritos anteriormente para el método Surber.

Es importante asegurarse de que no se ha perdido ningún organismo durante los distintos pasos del proceso. Si se produce alguna pérdida hay que descartar la muestra. Es mejor no obtener ninguna muestra que obtenerla errónea.

DISTRIBUCIÓN Y ABUNDANCIA DE LOS ORGANISMOS QUE HABITAN EN ARROYOS

Needham Jr. indica en sus estudios que las aguas rápidas constituyen la fuente de alimentación de los arroyos, mientras que las charcas son generalmente más pobres. Por esta razón la mayoría de los muestreos se realiza en aguas rápidas. Generalmente las charcas ofrecen a los peces mayor protección que las aguas rápidas, pero a menudo son transformadas por las inundaciones, lo que disminuye su productividad. Sin embargo, generalmente, las aguas rápidas presentan mayor variedad de nichos ecológicos: corrientes rápidas para los insectos que filtran su alimento y áreas poco profundas y bien iluminadas que permiten una mayor efectividad de la fotosíntesis, lo que facilita el crecimiento del plancton del que se alimentan muchos animales acuáticos. Los remansos y las charcas pueden almacenar temporalmente gran variedad de organismos, pero sus condiciones son muy inestables.

El medio ambiente de las aguas tranquilas es más estable cuando éstas contienen cascotes de tamaño medio o grande. Pero, incluso en estas condiciones la fauna tiene una existencia muy precaria debido a las inundaciones, granizo, nieve, hielo y altas temperaturas.

Es importante que quede bien claro que la fauna de los arroyos es muy variable tanto en su distribución como en su abundancia anual y estacional. Los factores que producen esta amplia variación del número de organismos, en el curso principal de los grandes arroyos, son los citados anteriormente. Muestras tomadas en Waddell Creek cerca de Santa Cruz, California, dieron como resultado: 200 libras por acre (en peso fresco). Dos meses más tarde, después de una fuerte inundación, se tomaron una serie de muestras en el mismo lugar obteniendo sólo 70 libras por acre. Al examinar el agua después de la inundación, se observaron pedazos de efemerópteros y plecópteros, larvas y pupas de tricópteros y otras formas destrozadas por las piedras que habían sido arrastradas por la corriente. Estudios realizados posteriormente (en el mes de mayo) dieron como resultado 470 libras por acre. Una de las razones más poderosas, que influyeron en este aumento, fue el que los huevos de Simúlidos se habían ido incubando durante este período de tiempo y gran cantidad de larvas cubrían las rocas. Lo mismo había ocurrido con los huevos de otras formas, lo que acarreó un gran aumento cuantitativo en un corto período de tiempo.

La variación anual de la cantidad de organismos acuáticos, también es muy grande. En un período de cinco años, muestras tomadas en Convict Creek, California, mostraron una diferencia de 60 libras por acre a 197 libras por acre.* Los resultados obtenidos representan la media de los datos registrados en verano. Estas grandes fluctuacioens en el número de organismos acuáticos indican claramente que el peso de pescado, que puede crecer en estas aguas, cada año muestra una variabilidad semejante.

Se considera, como norma general, que no es adecuada la cría de pescado en otoño ya que en invierno hay poco alimento en los arroyos. Esto es erróneo. Los organismos que habitan arroyos sujetos a severas condiciones climáticas, abundan más en el sustrato en invierno que en verano. Cuatro muestras tomadas en agosto, en el río Merced, dieron una

* John Maciolek y P. R. Needham, 1951, *Ecological Effects of Winter Conditions on Trout Foods in Convict Creek, California*, Trans. Amer. Fish., Soc., Vol. 81, pp. 202-217.

media de 85 libras por acre; mientras que muestras tomadas en febrero, cuando el río estaba cubierto de nieve y hielo, dieron una media de 103 libras por acre.

La gran abundancia de organismos acuáticos durante el invierno se explica fácilmente por el hecho de que el conjunto de insectos que habita los ríos, debe subsistir en la estación fría. Muchas especies, en los meses más calurosos, ya se habrán desarrollado como adultos, se aparearán y pondrán huevos, por tanto no aparecerán ninfas, larvas o pupas en el muestreo. Sólo unos pocos organismos se encuentran en estado adulto en aguas frías, por esta razón en invierno son más abundantes los estados inmaduros.

En un único muestreo realizado sobre una superficie de 30 cm^2 del río Klamath, cerca de Hornbrook, California, se recogieron aproximadamente 4000 organismos vivos, obteniéndose una relación de 5600 kg por hectárea. La razón por la que se obtuvo casi un organismo por cada 2 mm^2 de superficie, es la siguiente: el lago Cofco, que está sobre Hernbrook, produce grandes cantidades de organismos planctónicos, en verano, que fluyen constantemente del lago al río. Los organismos acuáticos tales como larvas de tricópteros, larvas acuáticas de polilla y otras formas que se alimentan de plancton, encuentran condiciones ideales para su subsistencia y desarrollan poblaciones enormes.

En contraste con los tramos principales de los arroyos, altamente inestables, las aguas dependientes de las fuentes son tranquilas y quietas. Estas últimas probablemente representan el hábitat más estable del arroyo. Se caracterizan por tener durante todo el año el flujo y la temperatura constantes, lo que hace que sean ricas en alimento y esto explica el gran número de organismos que presentan algunas de ellas. En Mot Creek, cerca de Bishop, California, donde se encuentran los ríos trucheros más ricos de toda América, se obtuvo un resultado de 1000 libras por acre, debido en su mayor parte a la quisquilla Gammarus y a las formas jóvenes de varios tricópteros (jerguillas). La gran productividad biológica de estas aguas se debe a que sus condiciones ambientales son extremadamente variables. Las grandes variaciones estacionales que se presentan en distintos ríos, son factores importantes a tener en cuenta en el caso de utilizarlas como criadero para determinadas especies, sobre todo cuando el número y tamaño de los animales no debe variar de año en año.

Debido a la gran variabilidad en la distribución y abundancia de los organismos acuáticos, los doctores R. L. Usinger y Needham* encontraron que eran necesarias 194 muestras para obtener resultados significativos, con un 95 % de seguridad, sobre los pesos frescos. De todas formas, se determinó que con sólo una o dos muestras podía obtenerse, por lo menos, un representante de cada una de las formas más comunes, como son: tricópteros, efemerópteros, plecópteros y dipteros. Para la obtención de estos resultados se basaron en 100 muestras recogidas en aguas rápidas. Los resultados obtenidos con un muestreador de Surber son estadísticamente inadecuados en lo que a peso y número se refiere. Sin embargo, cuando se toman pocas muestras, son bastante válidas para indicar niveles generales de abundancia. Hasta la fecha la mayoría de los estudios cuantitativos se han realizado con el muestreador de Surber y habrá que esperar a poseer un método mejor para poder comparar resultados. No es necesario decir que los datos presentados en el presente texto, son los mejores de los que disponemos.

ANÁLISIS DE O_2, CO_2, Y ALCALINIDAD DE LAS AGUAS†

Recolección de muestras. Las botellas para el análisis del oxígeno disuelto deben tener una capacidad de 250 a 300 cc y tapones de cristal. Para la determinación del CO_2 se debe usar un tubo Nessler de 100 cc (modelo 33 × 200 mm). Las muestras de agua, para la determinación de la alcalinidad, deben ser tomadas medidas una probeta de 100 cc o un erlenmeyer de 250 cc para la valoración.

En los arroyos, las muestras superficiales, para la determinación del oxígeno disuelto, se obtienen inclinando la botella de modo que quede en posición horizontal y permitiendo que el agua fluya dentro de ella lenta y suavemente. Hay que evitar en lo posible la en-

* Needham, P. R. y R. L. Usinger, 1956, *Variability in the Macrofauna of a Single Riffle in Prosser Creek, California, as Indicated by the Surber Sampler.* Hilgardia, Vol. 24, N.° 14, Univ. of Calif., páginas 383-409.

† Adaptado de H. S. Davis, 1938, *Instructions for Conducting Stream and Lake Surveys.* Fishery Circular No. 26, U.S. Dept. Commerce, Bur. of Fisheries, U.S. Govt. Printing Office, Washington, D.C., 55 pp.

FIG. 14. Botella Kemmerer para muestreo de agua, en posición abierta mostrando el mensajero que la cierra.

trada de burbujas de aire y para ello es necesario llenar la botella de modo que el tapón desplace cierta cantidad de agua. El hecho de aclarar primero la botella de manera que se humedezcan las paredes interiores, evita en cierto modo la presencia de aire.

Para la determinación del CO_2, las muestras se pueden obtener de una forma semejante empleando un tubo Nessler. El tubo está graduado y puede ajustarse el nivel deseado de agua. Debe tenerse cuidado en no agitar el agua. Este método se emplea en aguas poco polucionadas y poco saturadas y no se requiere un alto grado de exactitud.

Muestras de distintas profundidades se recogen mediante el muestreador de Kemmerer (fig. 14). El tubo de goma que está conectado a la válvula de desagüe de la parte inferior del aparato, sirve para vaciar la muestra en recipientes adecuados.

Ya que el intercambio de gases no afecta a la alcalinidad, no es necesario tener tanto cuidado en la recolección de muestras como se necesita en el muestreo para la determinación de gases disueltos. Todos los procesos se deben llevar a cabo de acuerdo con la 11.ª edición de «Standard Methods of Water Analysis».

Reactivos:

1. Sulfato de manganeso: 480 g de $MnSO_4 . 2H_2O$ disueltos en agua destilada hasta completar el volumen de un litro.
2. Yoduro de sodio o potasio: 500 g de NaOH o 700 g de KOH y 135 g de NaI o 150 g de KI, se disuelven en agua destilada hasta alcanzar el volumen de un litro.
3. Ácido sulfúrico concentrado: 1,83-1,84 g.
4. Tiosulfato de sodio: Se diluyen, en un litro de agua destilada, 6,205 g de $Na_2S_2O_3$.

Así obtenemos una solución N/40. Añadir 5 cm^3 de cloroformo para su conservación. La solución debe renovarse cada 3 o 4 semanas. Normalizar ocasionalmente la solución con dicromato potásico N/40.

5. Solución de almidón: Disolver 5 g de almidón en una pequeña cantidad de agua destilada; después añadir agua hasta tener un litro de solución. Las soluciones de almidón, incluso si se añaden preservativos como cloruro de zinc o cloroformo, se deterioran rápidamente, en especial si la temperatura es templada. Un método adecuado es colocar estas soluciones en botellas pequeñas que se usan cuando es necesario.

6. Indicador de fenolftaleína: Disolver dos gramos en 400 cc de alcohol al 50 %. Neutralizar con hidróxido sódico N/50. Para diluir el alcohol debe usarse agua destilada hervida.

7. Hidróxido sódico: Utilizar una solución N/44 preparada, preferentemente, en un laboratorio bien equipado. Puesto que las soluciones N/44 u otras más fuertes se deterioran al abrir la botella, se tienen que normalizar o usar frecuentemente. Es conveniente guardar el reactivo en botellas pequeñas y bien cerradas con tapones de corcho.

8. Indicador de naranja de metilo: Disolver 0,2 g en 400 cc de agua destilada.

9. Ácido sulfúrico N/20 o N/50: Prepararlo según el procedimiento estándar.

Una persona mal preparada no debe realizar análisis de oxígeno. Debe tenerse especial cuidado en el manejo del ácido sulfúrico concentrado. Si se derrama sobre las ropas producirá agujeros y sobre la piel es altamente irritante. Se debe transportar en botes de plomo. Al pipetearlo se debe tener mucho cuidado en mantener el extremo de la pipeta bajo la superficie del ácido; esto evitará la entrada de burbujas de aire que podrían introducir el ácido en la boca.

Método para normalizar soluciones de tiosulfato de sodio empleadas en el análisis de oxígeno

Determinaciones

1. Disolver en un erlenmeyer 2,5 g de KI (ioduro potásico), en 50-70 cc de agua destilada.
2. Añadir 0,5 cc de ácido sulfúrico concentrado.
3. Añadir 20 cc de una solución de dicromato potásico 0,025 N.
4. Cubrir la mezcla con una tela opaca o colocarla en un lugar oscuro durante cinco minutos.
5. Titular esta mezcla con tiosulfato de sodio para normalizarla, usando como indicador unas gotas de la solución de almidón.

Si el tiosulfato es exactamente N/40, entonces se necesitan 20 cc para la titulación y el valor resultante (cc) será igual al oxígeno presente en partes por millón (ppm). Si se utilizan aproximadamente 90 cc, se puede obtener con facilidad un factor de corrección, tal y como sigue:

a) Si se usan más de 20 cc la solución está más diluida que N/40 (0,025) y el valor de la titulación será demasiado alto. El factor de corrección será menor que 1. Por ejemplo, si se usan 22 cc, el factor de corrección se obtiene dividiendo 20 entre 22, lo que dará 0,91. Si la cantidad encontrada de oxígeno es de 12 cc se multiplica este número por 0,91 para obtener el valor correcto de 10,9 ppm.

b) Si se usan 18 cc en esta normalización, el tiosulfato de sodio está más concentrado que N/40 y el valor del título será demasiado bajo. De nuevo se obtiene el factor de corrección dividiendo 20 entre 18, lo que da un resultado de 1,11. Si la determinación del oxígeno nos da 8 cc, se multiplica este valor por 1,11 para obtener el valor correcto de 8,88 ppm de oxígeno.

Titulación del oxígeno disuelto

1. Se añade a la muestra tomada, como se ha indicado anteriormente, 1 cc de sulfato de manganeso y 3 cc de ioduro potásico alcalino, por debajo de la superficie del líquido.
2. Se vuelve a poner el tapón, evitando que entren burbujas de aire. Se agita fuertemente durante 15 segundos y luego se deja en reposo hasta que aparezca un precipitado; de no ser así se vuelve a agitar enérgicamente.
3. Cuando se haya depositado el precipitado, se añaden 2 cc de ácido sulfúrico concentrado por encima del nivel del agua, manteniendo el extremo de la pipeta sobre el

cuello de la botella. Se vuelve a colocar el tapón, evitando la entrada de aire y se agita fuertemente para que se mezcle perfectamente el contenido de la botella.

Todo lo explicado hasta aquí se debe realizar en el campo. La titulación final debe llevarse a cabo lo más pronto posible, pero puede transcurrir un período de algunas horas.

4. Tomar 200 cc de la muestra ya tratada y transferirla a un erlenmeyer de 1500 cc. Para ello se inserta el cuello de una probeta de 200 ml (cortada por debajo de la última marca) en el del erlenmeyer y seguidamente se invierte la posición de los dos frascos.

5. Se titula la muestra con tiosulfato de sodio 0,025 N. Si el color que se obtiene tras la adición del tiosulfato es amarillo pálido se añaden 1 o 2 cc de solución de almidón. Se debe realizar la titulación sobre un fondo blanco para asegurarse de la desaparición del color azul.

La cantidad de oxígeno disuelto viene dada en partes por millón. Si se utilizan 200 cc de muestra, el oxígeno disuelto, en ppm, es igual a la cantidad de tiosulfato 0,025 N que se haya utilizado. No son necesarias correcciones para los reactivos añadidos excepto cuando se trabaja con poca experiencia y precisión.

Anhídrido carbónico

Tomar 100 cc de la muestra, añadirles 10 gotas de fenolftaleína y hacer rápidamente una titulación con hidróxido sódico N/44 hasta que aparezca un color rosa pálido permanente (3 minutos). Mediante agitación manual se conseguirá mezclar bien la muestra. Se debe evitar cualquier agitación brusca de la superficie del líquido, ya que esto modificaría el contenido gaseoso. El anhídrido carbónico libre es igual al resultado de multiplicar por 10 el número de cc de hidróxido sódico empleados en la titulación.

Alcalinidad

La alcalinidad de las aguas naturales nos indica su contenido en carbonatos, bicarbonatos, hidróxidos y, ocasionalmente, boratos, silicatos y fosfatos.

Para determinar la alcalinidad se realiza una titulación con una solución ácido fuerte. Se escogen indicadores que presentan un color determinado a ciertas concentraciones de ion hidrógeno.

Ya que las disoluciones de bicarbonato presentan *p*H 8 y las de ácido carbónico tienen *p*H 4, se toman estos dos *p*H como puntos de referencia. Los indicadores escogidos deben virar de color en estos dos puntos. La cantidad de ácido necesaria para llevar el agua al primer punto (*p*H 8) mide la cantidad de hidróxidos más la mitad de los carbonatos (indicador fenolftaleína); mientras que la cantidad necesaria para alcanzar el segundo punto (*p*H 4) corresponde a la alcalinidad total (indicador naranja de metilo).

Los dos puntos se deben determinar con la misma muestra, usando primero fenolftaleína hasta la obtención del primer punto y continuando con naranja de metilo.

1. Alcalinidad con indicador de fenolftaleína. Se añaden cuatro gotas de fenolftaleína a 50 o 100 ml de muestra, en un recipiente de porcelana blanca o en un erlenmeyer colocado sobre una superficie blanca. Existirán carbonatos normales y/o hidróxidos si la solución se colorea. Añadir ácido sulfúrico 0,02 N mediante una bureta hasta que la coloración desaparezca. La alcalinidad en ppm de CO_3Ca, determinada mediante el indicador de fenolftaleína, es igual al número de ml de ácido 0,02 N multiplicado por 20 si se han tomado 50 ml de muestra, o por 10 si se tomaron 100 ml.

2. Alcalinidad con indicador de naranja de metilo. Se añaden dos gotas de naranja de metilo a 50 o 100 ml de muestra o a la solución a la que se ha añadido la fenolftaleína. Esto se lleva a cabo en un recipiente de porcelana blanca o en un erlenmeyer colocado sobre una superficie blanca. Si la solución vira a amarillo, estarán presentes hidróxidos, carbonatos y/o bicarbonatos. Añadir ácido sulfúrico 0,02 N hasta que empiece a aparecer una débil coloración rosa, es decir, hasta que el color de la solución deje de ser amarillo puro.

La alcalinidad expresada en ppm de CO_3Ca, con el indicador de naranja de metilo, es igual al número total de ml de ácido sulfúrico 0,02 N empleados multiplicados por 20 o 10, según se hayan empleado 50 o 100 ml de muestra.

Concentración de iones hidrógeno

El *p*H o concentración de iones hidrógeno es una medida del grado de acidez o alcalinidad de una solución. Para medirlo de un modo correcto se debe usar un potenciómetro. Existen muchos tipos de equipos simples para medir el *p*H en el campo.

Un valor de *p*H de 1 a 7 es ácido, 7 representa el *p*H neutro, mientras que valores de 7 a 14 son alcalinos. Para medir el *p*H basta dejar caer algunas gotas de solución indicadora en una pequeña muestra de agua y comparar el color que ésta toma con el de unos patrones.

A continuación ofrecemos una lista de indicadores con su escala de *p*H:

Indicador	*Escala de pH*
Púrpura de bromo cresol	5,2-6,8
Azul de bromo timol	6,0-7,6
Rojo de fenol	6,8-8,8
Rojo de cresol	7,2-8,8
Azul de timol	8,0-9,6

Se debe tener cuidado en no contaminar la muestra al invertir el tubo para mezclar el indicador y es suficiente realizar un ligero movimiento de muñeca.

MÉTODOS DE RECOLECCIÓN DE PECES

El método más antiguo consiste en la caña de pescar. Algunas veces es el único modo de coger algunos peces, pero es demasiado lento y altamente selectivo, ya que solamente se pescan aquellas formas que muerden rápidamente los anzuelos naturales o artificiales. Se han utilizado métodos muy diferentes entre los que podemos citar la cal viva, dinamita, trampas, venenos, fusiles, arpones (de aire comprimido o no) y shock eléctrico. La mayoría de estos métodos hoy en día son ilegales. Una persona que desee recolectar peces para estudios de investigación o enseñanza, debe proveerse de un permiso científico de recolección expedido en el país adecuado o en la agencia regional que controle las aguas del área donde se vayan a realizar las recogidas.

Los mejores métodos para la recolección son los usados por el pescador comercial que utiliza redes de malla, de arrastre y trampas. Para mantener el material vivo se utilizan cubos y otros recipientes o cajas adecuadas. Se pueden tratar químicamente pequeñas áreas de agua para provocar la asfixia de los peces, pudiéndolos capturar fácilmente mediante una red de inmersión cuando suben a la superficie en busca de aire.

Ficha de campo para anotar las características de la recolección de peces

Estado o país ______________	Campo n.° ______________
Región ______________	Fecha ______________
Localidad ______________	Recolector(s) ______________
Río o lago ______________	N.° de especímenes recogidos ______
Nombre del río ______________	Nombre del lago ______________
Anchura ______________	Área (si se conoce) ______________
Profundidad ______________	Sistema de drenaje ______________
Velocidad de la corriente ______________	Color del agua ______________
Temp. Aire ________ Agua ________	Orilla ______________
Hora* ________ A.M. ________ P.M.	Orilla ______________

Refugio ______________________________

Vegetación ______________________________

Fondo ______________________________

Turbidez (si existe) ______________________________

Profundidad de la captura ______________________________

Método de captura ______________________________

Conservado en ______________________________

* Anotar siempre la hora en que se toma la temperatura del aire y del agua. La temperatura del aire se debe tomar a la sombra de algún objeto, nunca directamente bajo el Sol.

El modo más barato, seguro y fácil para capturar peces consiste en usar pequeñas redes de arrastre de una malla de 1/4 de pulgada y una superficie de 10 × 4 pies. Mediante unas candalizas de madera unidas fuertemente en cada extremo de la malla y dos personas en cada extremo, puede obtenerse una buena captura. Si se pretende echar las redes en áreas grandes para obtener peces mayores y en mayor número, es mejor utilizar una red de mar. Cualquier medida es buena, pero la mejor es una red de una malla de 1/4 de pulgada, de 100 pies de largo por 6 de ancho, que sirve para muchos propósitos.

CONSERVACIÓN DE PECES

Los peces se conservan en formol al 10 % (10 partes de agua por una de formol). Mediante bórax (una cucharilla de té por 1/4 de la solución conservadora) se evita que las especies se entumezcan y ayuda a su conservación.

Las especies que tengan más de tres pulgadas de anchura deben sufrir un corte en el lado derecho para permitir que la solución conservadora penetre en las vísceras. La abertura debe constituir un tercio de la longitud de la cavidad del cuerpo. Se recomienda realizar la incisión en el costado derecho, puesto que el izquierdo se utilizará para realizar varias medidas y porque generalmente este lado es el que se muestra en las fotografías.

La fijación mediante formalina dura varias horas en el caso de especímenes pequeños y se prolonga una semana o más si las formas son mayores. Después de haberse llevado a cabo la fijación, las especies se deben lavar con agua corriente o bien someterlas a baños con sucesivos cambios de agua durante un período de 24 h. por lo menos. Después se colocan en alcohol isopropílico al 40 %. Se tiene que cambiar el alcohol al menos una vez para eliminar los últimos restos de formol, después se podrán conservar los animales, permanentemente, en alcohol isopropílico al 40 %.

Debido a estos procesos de conservación los peces se decoloran y desafortunadamente no existe ningún método para evitarlo. Por este motivo es importante anotar los colores, o hacer fotografías en color, en el momento de la captura o antes de realizar el proceso de conservación.

Además de las notas sobre el color de los peces es importante anotar las condiciones ambientales y hacer estudios de campo en todas las recolecciones. En la página 120 se da un modelo de estas fichas. Las diversas observaciones pueden anotarse en el reverso de la hoja. El material empleado para la escritura debe ser a prueba de agua. La etiqueta colocada dentro del recipiente de los peces debe llevar el mismo número que la ficha de campo, incluyendo los datos que hacen referencia a la localidad, fecha y nombre del recolector. Para facilitar la búsqueda de datos es conveniente colocar, además, una etiqueta con número en el exterior de la botella. Cada ficha en particular debe ir complementada con detalles ecológicos, conducta u otras notas.

Cuando debe usarse un solo bote para guardar varias colecciones, cada una se debe envolver por separado en una bolsa, colocando una etiqueta en su interior. Es mejor coser las bolsas para evitar que se mezclen las distintas especies y sus datos.

Si las especies son demasiado grandes para ser envueltas, se colocan las etiquetas correspondientes en la garganta o en las agallas de los peces y se sacan más tarde en el laboratorio. Las especies sin etiquetas y sin datos adecuados tienen poco valor específico, aunque pueden ser útiles para otros propósitos.

En la página siguiente se presenta un método para el análisis del contenido del estómago de los peces.

MÉTODOS PARA LA RECOLECCIÓN DE ESCAMAS DE PECES

La información sobre la edad y la velocidad de crecimiento de los peces tiene un gran interés biológico y es importante en relación con el almacenamiento y manejo de los peces. Los anillos o círculos que se encuentran en la superficie de las escamas reflejan la trayectoria de crecimiento de los peces y se pueden leer igual que los anillos de un tocón de árbol para determinar su edad. También se estudian estructuras tales como los otolitos (huesos del oído) y otros huesos, pero el método de las escamas es el más útil para determinar las edades de la mayoría de los peces de agua dulce.

FICHAS DE CONTENIDOS ESTOMACALES DE PECES

Registrados por ______ ______ Fecha______	Especies______ Sexo______ Longitud total en mm______ Fecha______ Río ______ Lago ______ Sección ______ Provincia ______ Región ______ Municipio ______ Sección ______				Especies______ Sexo______ Longitud total en mm______ Fecha______ Río ______ Lago ______ Sección ______ Provincia ______ Región ______ Municipio ______ Sección ______				Especies______ Sexo______ Longitud total en mm______ Fecha______ Río ______ Lago ______ Sección ______ Provincia ______ Región ______ Municipio ______ Sección ______			
Orden	Núm. individ.	Vol. en cc.	% del vol. total	Porcentaje de indiv.	Núm. individ.	Vol. en cc.	% del vol. total	Porcentaje de indiv.	Núm. individ.	Vol. en cc.	% del vol. total	Porcentaje de indiv.
Efemerópteros												
Tricópteros												
Dípteros												
Coleópteros												
Plecópteros												
Homópteros												
Hemípteros												
Arácnidos												
Himenópteros												
Varios												
Total												

Las escamas de la región media del cuerpo, por encima de la línea lateral, son las ideales para ser estudiadas. No se deben tomar escamas de la línea lateral. Es mejor limpiar el mucus con un trozo de tela antes de extraer las escamas, ya que la presencia de grandes cantidades de mucus hace difícil la limpieza de las mismas.

Después de sacar las escamas se pueden guardar en sobres regulares, los hay incluso especiales para este propósito. El mucus que se recoge junto a las escamas es suficiente para mantenerlas en su sitio de una manera firme. Especial interés debe tenerse en no mezclar las escamas de diferentes peces. Para ello debe limpiarse el cuchillo después de tomar cada muestra. Los datos completos, fecha, tipo de agua, especie, sexo, longitud total y recolector, deben guardarse con su muestra respectiva.

Cuando han de anotarse los factores condicionantes de cada pez es aconsejable que el pescado se pese en fresco, ya que su conservación en formaldehído cambia el peso.

Las escamas recolectadas no se pueden estudiar en el campo, pero pueden guardarse para su estudio posterior en conexión con otros hallazgos de los ríos y lagos.

ESTUDIO GENERAL DE LOS RÍOS Y LAGOS

Un estudio general de las aguas de cualquier región consiste en obtener un conocimiento básico de las propiedades biológicas, físicas y químicas de las mismas. Proporciona al comerciante en pescado los datos esenciales para el desarrollo del adecuado almacenamiento y manejo de los peces. Al profesor le ofrece un conocimiento de las aguas individuales y de su carácter y le sugiere lugares en los que se pueden impartir clases para el estudio de tipos específicos de determinados hábitos acuáticos. Hemos encontrado aguas muy ricas que son de fácil acceso a los escolares. Las fichas utilizadas en un estudio general de ríos y lagos se encuentran en las páginas 124 a 126

BIBLIOGRAFÍA

Carlander, Kenneth D.
1950 *Handbook of freshwater fishery biology.* Wm. C. Brown Co., Dubuque, Iowa, 286 pp.

Lagler, Karl F.
1959 *Freshwater fishery biology.* Wm. C. Brown Co., Dubuque, Iowa, 421 pp.

FICHA DE ESTUDIO GENERAL DE RÍOS

1. Estado Sistema fluvial Nombre del río
   Bosque o parque Mapa Número
   Región Afluente del
   Sección de la corriente:
   De:
   a:
   Longitud de la sección:
   Notas. Esquemas, etc.
2. Nombre del río .... Fecha ....

Región	Superior	Media	Inferior
Estación			
Altitud			
Anchura y profundidad promedio			
Volumen			
Velocidad			
Color y turbidez			
Alcalinidad			
*p*H			
Temperatura del aire			
Temperatura del agua			
Hora y cielo			
Balsas:			
Tamaño, tipo y frecuencia			
Causada por			
Refugios			
Tipo de fondo:			
Balsas			
Rápidos			
Sombras			
Vegetación acuática			
	S T F	S T F	S T F
Alimento de peces (por pie cuadrado):			
— Tricópteros			
— Efemerópteros			
— Dípteros			
— Perloideos			
— Coleópteros			
— Otros insectos			
— Crustáceos			
— Varios			

Volumen en cc por pie cuadrado.
Características del curso de agua: cañones, montañas, pendientes, cantos rodados, plano, pantanoso, vegetación, cultivo abierto, no cultivado.
Características del subsuelo, lecho de roca y profundidad de los estratos.
Condiciones de la corriente, estiaje, caudal normal, avenida.
Fluctuación de volumen:
Gradiente:
Fuente:
Barreras (tipo, localización y altura):
Desviación (tipo y localización):
Manantiales (localización, volumen, temperatura):
Afluentes (número y longitud):
Peces (tipos, tamaño medio, abundancia, estaciones):
Enemigos:
Grado de pesca (elevado, medio, ligero):

Áreas de desove:
Freza (tipo, abundancia, estaciones):
Accesibilidad al río: (... km en coche, o por veredas):
Muestras anteriores:
Polución (fuente tipo):
Lugares de cría:
Peces recomendados:
Especies:
Razones:
Características:
Mejoras:

____
Investigador

Anchura media: Grado de balsas: Grado de alimentación:

Programa de muestreo

Sección estudiada:
Especies:
Tamaño:
Número:
Frecuencia:

____
Autoridad

FICHA DE ESTUDIO GENERAL DE LAGOS Y CHARCAS

1. Estado Sistema fluvial Nombre del lago
   Bosque o parque Mapa
   Región Tributario del Número
   Notas. Croquis (con sondas, estaciones, cauces, afluentes, desagües, carreteras, caminos, en el margen del mapa):

N

↑

Mapa

2. Nombre del lago: Fecha:
   Altitud Área:
   Natural o artificial: Escalas de peces
   Altura del dique: migratorios:
   Características del litoral: Rocas, zonas pantanosas, arenosas, fangosas, prados, zonas forestadas.
   Características de la cuenca: Montañas, colinas, tarteras, llanuras, pantanos, zonas forestadas, libres, cultivadas, incultivadas.
   Principales afluentes (número y tamaño):
   Fluctuaciones del nivel del agua (causas y medidas de la variación):
   Profundidad aproximada a 30 metros de la orilla ....
   a 60 metros de ...., Máximo ....
   Bancos de 6 metros de profundidad o menos .... % del ladog:
   Zonas profundas: Fondo, fango, cieno, arena, arcilla, marga, detritus, grava, lecho de piedras.
   Temperatura: Entrada de aguas ...., desagüe ...., superficie ...., aire ...., hora ...., tiempo ....
   Color: Turbidez:

Altura plantas (mostrando localización en el mapa): Abundancia
Emergentes:
Sumergidas:
Algas (tipos): Abundancia
Vertebrados:
Tipos de peces: Abundancia
Otros vertebrados:
Invertebrados:
Litoral (n.º aproximado de espec. por pie cuadrado): Perloideos ...., Efemerópteros ...., Tricópteros ...., Odonatos ...., Dípteros ...., Caracoles ...., Anfípodos ...., Varios ....,

Estaciones de aguas libres	1	2	3	4	5

Profundidad en pies:
Plancton
Longitud del arrastre
Cantidad en cc
Fondo (por 1/4 pie cuadrado):
Quironomidos
Anelidos
Caracoles
Almejas
Anfípodos
Varios
Volumen en cc
Tipo de muestra de fondo

Áreas de freza:
Peces jóveens observados
Accesible en coche o .... km por veredas
Botes disponibles
Polución: Fuente
Tipo
Pesca (abundante, normal, escasa):
Lugares de cría:
Peces recomendados:
Especies:
Causas:
Observaciones:
Mejoras:

Programa de muestreo

Investigador

Especie:
Tamaño:
Número:
Frecuencia:

Autoridad

ESTUDIOS SOBRE MEDIOS ACUÁTICOS

Los medios acuáticos se pueden dividir en dos clases: lénticos y lóticos.*

Los organismos que habitan el primero —aguas lentas de lagos y arroyos— no presentan adaptaciones especiales para afrontar las olas y corrientes, mientras que los organismos que viven en aguas rápidas presentan modificaciones en su forma y hábitats para adaptarse a su medio ambiente. No siempre es fácil delimitar los dos casos y algunos organismos oscilan entre los dos tipos. En ambas clases de medio hay buenas fuentes de material de estudio.

Los hábitats acuáticos se pueden dividir en tres categorías según el tipo de agua: (1) hábitats con aguas permanentes; (2) los que se secan ocasionalmente; (3) y aquellos que presentan agua sólo en algunas ocasiones. La mayor o menor abundancia de cada tipo da hábitat dependerá de la cantidad de lluvia caída durante el año.

> Quizás... las palabras charca, charco, laguna, no nos dan una idea de los organismos que habitan sus tranquilas aguas... la población de los charcos está, al igual que la de los lagos, en continua actividad... la de los charcos está compuesta por formas que se adaptan a la sequía: formas que se pueden defender de la desaparición del agua, mediante migración, enquistamiento, desecación, construcción de refugios o posesión de raíces en la zona húmeda de la charca... las lagunas tienen poca variación de formas, pero éstas se multiplican rápidamente y tienen un ciclo de vida breve. Se encuentran entre ellas pequeños flagelados y algas verdes protococoides. Entre los herbívoros se encuentran crustáceos de vida corta tales como *Chirocephalus*... y *Apus*, que ponen huevos de larga vida y resistentes a la sequía; los rotíferos como *Philodina*, que presentan gran capacidad para reemprender sus actividades después de un período de sequía; insectos como los mosquitos. Los carnívoros son coleópteros y hemípteros.†

Las poblaciones de las aguas lóticas son también activas de un modo constante en áreas de lavado permanente, por debajo de unos niveles mínimos de flujo. El que el agua fluya en muchas direcciones, tal como en las orillas de los lagos o de un modo fijo en una dirección, como en los arroyos, no tiene demasiada importancia; los organismos que habiten tanto un tipo de agua como el otro, tendrán formas parecidas. Las plantas serán robustas y resistentes a la corriente como el alga *Clodophora* y las diatomeas formarán cubiertas mucilaginosas sobre la arena del fondo y las piedras.

En cuanto a las fuentes de alimentación hay que tener en cuenta dos grupos: (1) formado por animales que se alimentan de plancton gracias a la posesión de diversos órganos filtradores que les permite obtener los pequeños organismos que se encuentran en las corrientes de agua; (2) animales de vida libre en el fondo y que se alimentan de animales pequeños o plantas.

Los animales de aguas lóticas suelen ser pequeños invertebrados. Los que se ven y pueden ser cogidos con mayor facilidad son principalmente las larvas y pupas de tricópteros, las ninfas de plecópteros, efemerópteros y dípteros.

Sugerencias para el estudio de hábitats dulceacuícolas

Seguidamente se dará una lista de los diversos estudios a realizar. Aproximadamente la mitad son estudios de asociación que tratan de la macrofauna presente en varios tipos de hábitats acuáticos. El resto trata de las funciones específicas de varias estructuras que se encuentran en animales acuáticos o problemas referentes a su manejo para beneficio del hombre.

Esta lista es una mera sugerencia. Se pueden incluir otros tipos de estudios tales como los que se refieren a charcas primaverales, rocas salpicadas por el agua, pantanos, marismas y estuarios de agua salobre. Todos ellos se pueden complementar con salidas al campo donde el estudiante o investigador puede observar cada uno de los tipos de hábitats acuáticos, al mismo tiempo que puede tomar muestras para su posterior estudio en el laboratorio.

* *Lentus* = tranquilo, plácido; *Lotus* = lavado, arrastrado.

† Needham y Lloyd, *Life of Inland Waters*. Comstock Pub. Co., Ithaca, N.Y., 1916, 438 pp.

1. Una charca.
2. Un arroyo de aguas rápidas.
3. Un arroyo de aguas lentas.
4. La orilla de un lago.
5. Plancton de lago o charca.
6. Plancton de río.
7. Ciénagas.
8. Turbera.
9. Rocas en lecho de un arroyo.
10. Arroyos fríos alimentados por manantiales.
11. Lecho de algas.
12. Zonas litorales o de niveles muy fluctuantes.
13. Arroyo con flujo intermitente.
14. Arroyo polucionado.
15. Mecanismos de hibernación de animales acuáticos.
16. Branquias de insectos acuáticos.
17. Adaptaciones para la flotación y natación, de los organismos acuáticos.
18. Alimento de peces.
19. Fecundidad de los peces.
20. Desove de los peces.
21. Estudios sobre lagos y ríos.
22. Parásitos de los peces.
23. Edad y crecimiento de los peces por estudios de escamas.
24. Cuidado de estanques de granjas.
25. Dinámica de las poblaciones de peces.

Esquema de estudio.

Las ediciones anteriores de esta guía contenían 25 ejercicios prácticos. La 5.ª edición contiene un solo esquema, simplificado, que ha sido muy útil durante años. Está diseñado para poner de relieve los puntos interesantes para el estudiante. El plan a realizar consta de dos partes: una visita a un hábitat escogido de antemano y un posterior estudio, en el laboratorio, donde el material recogido es identificado y se anotan las diferentes características del mismo.

ESQUEMA DE TRABAJO EN LA REALIZACIÓN DE LOS DIVERSOS ESTUDIOS

I. Materiales necesarios.
Hacer una lista de todo el material que se necesite para realizar la salida al campo; por ejemplo: redes de profundidad, filtros manuales, redes de arrastre, botellas para los especímenes, material de conservación, etc. Si no es posible realizar esta salida, debido a las malas condiciones exteriores y el estudio se realiza en el interior, entonces se hará una lista del material requerido en estas circunstancias.

II. Programa de trabajo.
   A. Salida al campo: anotar el tipo de hábitat en el que se va a realizar la recolección, el tipo de área a determinar (charca, lago, arroyo, etc.) y la hora y lugar de salida y llegada.
   B. Estudio en el laboratorio del material recogido.
   C. Bibliografía.

III. Resultados.
El esquema siguiente es muy útil, en lo que se refiere a anotaciones sobre hábitats acuáticos.
   A. Tipo de agua, incluyendo una breve descripción de los aspectos físicos y biológicos más importantes (temperatura, transparencia, anchura, profundidad o superficie, velocidad de la corriente, tipo de fondo, etc.).
   B. Aspectos ecológicos.
   C. Una lista de los organismos recogidos, de acuerdo con los siguientes encabezamientos:
      1. Plantas: Notas sobre especies, tamaño, color, abundancia, hábitats que ocupa durante el crecimiento, etc.
         a. Semillas superficiales, flotantes, sumergidas (en aguas lénticas) o en corrientes y orillas de ríos (de aguas lóticas).
         b. Algas microscópicas, son aquellas que colorean el fondo o el agua.
         Algas con flecos (sésiles).
         Algas que forman costras o que producen una capa mucilaginosa.
         Algas libres, flotantes.

2. Animales: Anotaciones sobre tamaño, abundancia, tipo de alimentación si se conoce, estadios o edades encontradas, adaptaciones especiales o actividades, presencia de parásitos, etc.
   a. Invertebrados.
      Nadadores libres.
      Se encuentran sobre la superficie del agua o suspendidos de ella.
      Sésiles sobre la vegetación (aguas lénticas).
      Sésiles sobre las piedras, troncos, raíces, etc., o sobre el fondo (aguas lóticas).
      Animales minadores que cavan.
      Animales minadores que pasan forzados.
      Animales que viven en tubos.

MEDIDAS CUANTITATIVAS DEL AGUA

El pie por segundo (pie cúbico por segundo o c.f.s.) se usa universalmente para determinar cantidades de agua.

1 pie por segundo = 7,48 galones por segundo o 448,8 galones por minuto.
1 pie por segundo = 2 pies por acre y por día (aproximadamente).
1 pie por segundo = 86,400 pies cúbicos por día.
1 pie por segundo = 646,317 galones por día.
1 pie por acre = 43,560 pies cúbicos o 325,850 galones.
1 pie cúbico de agua = 7,48 galones y pesa 62,4 libras.
1 pie cúbico = 0,0283 m^3
1 m^3 = 35,3 pies cúbicos.

MEDIDAS DE FLUJO Y VELOCIDAD DEL AGUA[1]

La medida de la velocidad del agua y caudal se determina como sigue:

Velocidad

1. Se fijan dos puntos que estén separados unos 100 pies o cualquier otra distancia conveniente.
2. Se anota el tiempo que tarda un corcho en ir de uno al otro punto.
3. La velocidad en pies (o la unidad que se tome) por segundo es el resultado de dividir la distancia por el tiempo empleado en segundos.

Caudal

Fórmula: $$V = \frac{A\,P\,a\,L}{T}$$

Donde V = caudal en pies cúbicos (o la unidad que se tome) por segundo.
A = anchura media del río.
P = profundidad media.
a = factor constante para cada tipo de suelo.
Arena fina, etc. = 0,9
Rocas, etc. = 0,8
L = longitud de la sección del arroyo.
T = tiempo, en segundos, que tarda el corcho en recorrer la distancia escogida.

[1] De *Trout and Salmon Culture*, de Earl Leitritz, California Dept. Fish & Game, Fish Bulletin N. 107, 1959, 169 pp.

EQUIVALENCIAS

Grados Centígrados = 5/9 × (°Fahrenheit − 32)
Grados Fahrenheit = 9/5 × °Centígrado + 32
1 pulgada = 25,4 mm o 2,54 cm
1 metro = 39,37 pulgadas
1 centímetro = 0,3937 pulgadas
1 acre = 43,560 pies cuadrados o 0,404687 hectáreas
1 gramo = 15,432 granos
1 kilogramo = 2,205 libras

Unidad	*Galones*	*Cuartas*	*Pintas*	*Libras*	*Avoirdupois Onzas*	*Onzas líquidas*
1 galón	1,0	4,0	8,0	8,345	133,52	128,0
1 cuarta	0,25	1,0	2,0	2,086	33,38	32,0
1 pinta	0,125	0,5	1,0	1,043	16,69	16,0
1 libra	0,12	0,48	0,96	1,0	16,0	15,35
1 onza	0,0075	0,03	0,06	0,0625	1,0	0,96
1 onza líquida	0,0078	0,031	0,062	0,062	1,04	1,0
1 pulgada cúbica	0,0043	0,017	0,035	0,036	0,573	0,554
1 pie cúbico	7,481	29,922	59,848	62,428	998,848	957,48
1 centímetro cúbico	0,0003	0,001	0,002	0,002	0,035	0,034
1 litro	0,264	1,057	2,1134	2,205	35,28	33,815
1 gramo			0,002	0,0022	0,0353	0,034

Unidad	*Pulgada cúbica*	*Pie cúbico*	*Mililitros*	*Litros*	*Gramos*
1 galón americano	231,0	0,1337	3 785,4	3,785	3 785,4
1 galón inglés	277,2	0,1604	4543,0	4,543	4543,0
1 cuarta	57,749	0,0334	946,36	0,95	946,35
1 pinta	28,875	0,0167	473,18	0,47	473,18
1 libra	27,67	0,016	453,59	0,454	453,59
1 onza	1,73	0,001	28,3	0,03	28,35
1 onza líquida	1,8		29,57	0,03	29.41
1 pulgada cúbica	1,0	0,0006	16,39	0,0164	16,3
1 pie cúbico	1 728,0	1,0	28 322,0	28,316	28 318,58
1 mililitro	0,061		1,0	0,001	1,0
1 litro	61,025	0,0353	1 000,0	1,0	1,000,0

Glosario

(Véanse también las definiciones sobre peces de las páginas 83 a 88).

ANADROMO: Procedentes del mar remontan las aguas dulces, en ciertas estaciones, para aparearse; por ejemplo: salmón, salmón plateado, alora.
ANIMALCULO: Un diminuto o microscópico animal.
ANTEROLATERAL: Situado lateralmente y hacia adelante.
APÉNDICE: Parte de la masa de un organismo que se proyecta hacia fuera de la masa principal.
APICAL: En, cerca de, o perteneciente al extremo o ápice.
AREOLACIÓN: Limitando pequeñas áreas, semejante a un retículo o malla.
ARQUEADO: Doblado, curvado.
ARTICULADO: Unido mediante una juntura.
ATRIUM: Cavidad, entrada o acceso.
AURÍCULA: Lóbulo o proceso en forma de oreja.
AUTOESPORA: Una de las células madre formadas por la división interna de un alga unicelular.
AXIAL: Perteneciente a un eje.
AXILAR: Perteneciente a, o situado en el axis.
BARBULAS: Apéndices táctiles, carnosos y delgados situados alrededor de la boca de diversos peces; por ejemplo: esturión, pez gato, etc.
BASIBRANQUIAL: Perteneciente a la serie intermedia de huesos impares situados en la faringe, detrás de la lengua de diversos peces.
BIARTICULADO: Doblemente articulado.
BÍFIDO: Que tiene dos ramas.
BUCAL: Perteneciente a la cavidad de la boca.
BURETA: Aparato, usualmente de cristal, para verter cantidades exactas de un líquido.
CAUDAL: Perteneciente a la cola.
CEFALOTÓRAX: Parte del cuerpo; unión de la cabeza y el tórax, en arañas y crustáceos.
CERCOS: Dos apéndices laterales anales.
CICLOIDEA: Tipo de escama de pez carente de pequeños apéndices en forma de espina (contrario a ctenoidea).
CIEGOS PILÓRICOS: Apéndices en forma de pequeños sacos adheridos a la región externa del intestino situado inmediatamente debajo del estómago, en muchos peces.
CILIOS: Procesos piliformes, que se encuentran en muchas células, capaces de movimientos semejantes a un látigo.
CLÍPEO: Parte de la cabeza de un insecto a la cual está unida el labro.
CONJUGACIÓN: Fusión de dos células sexuales con unión de sus núcleos.
CORONA: Corona o apéndice en forma de corona.
COXA: Segmento basal de la pata de un insecto, o de otro artrópodo; articulado con el cuerpo.
CROMATOFORO: Estructura portadora de pigmentos, que se encuentra comúnmente en células vegetales.
CTENOIDEA: Tipo de escama de pez dotada de diminutos apéndices en forma de espinas (contrario a cicloidea).
CULTRATEIFORME: En forma de podaderas o de pico de cuervo.
CUNEIFORME: Formando cuña.
CÚPULAS: Procesos en forma de ventosas que cubren la superficie inferior de los tarsos de los machos de ditiscidos (coleóptero).
CUTÍCULA: La capa más externa de la piel.
CUTICULAR: De, o formando una delgada piel (o cutícula).
DENDROIDE: En forma de árbol.
DENTADO. Dotado de salientes en forma de diente.
DISCOIDEO: En forma de disco.
DISTAL: Alejado del punto de unión u origen.
ELITROS: Alas delanteras en los escarabajos.
EMARGINADO: Carente de margen.
ENDOPODITO: Rama interna de un apéndice típico de crustáceo.
EPIFITA: Planta que crece sobre otra planta, pero que no es parásita suya.
ERLENMEYER: Frasco, aplanado en su fondo, en forma de cono.
ESCLEREOTIZADA (esclerótida): que posee escleritos, láminas duras, quitinosas o calcáreas.
ESPIRÁCULO: Abertura de las tráqueas respiratorias de insecto.
ESPORANGIO: Lugar donde se encuentran las esporas, que produce la célula para reproducirse asexualmente.

ESTERNITO: Parte ventral del segmento de un insecto.

ESTIGMA: Espiráculos de los insectos.

ESTIPE: Parte basal de los órganos bucales de los insectos en donde se insertan las partes móviles.

ESTRIACIÓN: Con líneas numerosas, finas y paralelas.

FÉMUR: Generalmente el segmento más fuerte de las patas de los artrópodos, articulado con el cuerpo mediante el trocánter y la coxa y llevando en el otro extremo la tibia.

FENESTRADO: Que es transparente o con zonas claras en forma de ventana, como las alas de las mariposas y de las moscas.

FESTONEADO: Con pequeños festones, igualmente redondeados y más bien profundamente curvados.

FLAGELOS: Procesos en forma de cola o látigo.

FOLIÁCEO: En forma de hoja.

FORMALINA: Líquido preservativo que contiene formaldehído.

FURCA: Apéndice anal de algunos insectos, utilizado para el salto.

GALEA: Lóbulo externo de las maxilas de los insectos.

GLABRO: Sin pelo.

GLOBOSO: Redondo, esférico.

GULAR: Perteneciente a la región del cuello.

HEPÁTICO: Perteneciente al hígado.

HETEROCISTES: Células anchas y transparentes que se encuentran en los filamentos de las cianofíceas.

INTERCALACIÓN: Inserción o adición, como las venas de las alas de los insectos.

ISTMO: En los peces, zona carnosa que se extiende más allá de la garganta entre medio de las agallas.

LABIUM: Labio inferior de los insectos.

LABRO-CLÍPEO: Pieza resultante de la fusión de un labro y un clípeo.

LABRO: Labio superior de los insectos.

LACINIA: Lóbulo interno de las primeras maxilas en los insectos.

LAMINOSO: Compuesto de, o semejante a hojas o láminas.

LÉNTICO: Quieto o apacible, como las charcas y los lagos.

LORIGA: Coraza protectora que se encuentra por ejemplo en rotíferos.

LÓTICO: Fluctuante, como las aguas de los ríos y riachuelos.

LUNADO: En forma de media luna.

MANDÍBULA: Hueso maxilar superior o inferior.

MAXILA: En los insectos segundo par de mandíbulas; en los peces, huesos de la mandíbula superior.

MENTÓN: En algunos insectos, lámina fusionada o simplemente hundida al submentón en la cara ventral del labium.

METASTERNO: Lado inferior del tercer segmento torácico en los insectos.

MULTIARTICULADO: Con muchos segmentos.

QUILLA: Un saliente elevado.

OCELO: Ojo simple en los insectos.

OCCIPITAL: Perteneciente a la parte posterior de la cabeza.

ONDULADO: Ondulante u ondeado.

ONISCIFORME: Forma parecida a una cochinilla del género *Oniscus*.

OPÉRCULO: Estructura que sirve para cerrar aberturas.

PALATINOS: Par de huesos situados en el interior de la boca de los peces, frecuentemente dotados de dientes.

PALEOFORME: Prehistórico, antiguo, o de forma primitiva.

PALMEADO: Semejante a la palma de la mano, con prolongaciones en forma de dedos.

PALPÍGERO: Parte del labium que lleva los palpos.

PALPO: Uno de los apéndices bucales de insectos.

PAPILLOSO: Cubierto con, o dotado de pequeñas protuberancias carnosas.

PATELLIFORME: En forma aplanada.

PECTINIFORME: En forma de peine, o semejante a las púas de un peine.

PECTORAL: Región escapular de los peces situada justo detrás del opérculo.

PEDONCULADO: Dotado de tallo, o pedúnculo.

PENÚLTIMO: Que va justo antes de la última serie.

PINNADO: Ramificado como las hojas.

PIRENOIDE: Cuerpo no coloreado de las células de algunas algas en los que se almacena almidón.

PLASMODIO: Masa de protoplasma formada por un grupo de células ameboides.

PLEGADO: Doblado en forma de abanico.

POSTEROLATERAL: Situado hacia atrás y en el lado.

PREDADOR: Que vive de sus presas.

PREMAXILAR: Hueso que forma la región anterior de la mandíbula superior de los peces.

PREOPÉRCULO: En peces, hueso más anterior del aparato opercular.

PROBOSCIS: Expansión de la región nasal o bucal en forma de trompa de elefante.

PRONOTO: Cara superior del protórax de insectos.

PROTÓRAX: El primer segmento del cuerpo de los insectos, unido al par anterior de patas.

PROTRÁCTIL: Capaz de ser distendido.

PUBESCENTE: Con pelos.

PUPACIÓN: Estado de los insectos, quiescente, entre la fase larval y el estado adulto y en el que se produce la metamorfosis.

RADIOS BRANQUIOSTEGOS: Radios que soportan la membrana branquiostega, situados debajo de las agallas, en ciertos peces; ejemplo: trucha, lubina, etc.

RAFE: Sutura de las valvas de las diatomeas.

RAMOSO: Rama, o estructura en forma de rama.

RÁPIDO: Curso rápido de un río en donde las aguas someras discurren sobre piedras y grava.

RAPTOR: Depredador; adaptado para asir otros animales.

RENIFORME: En forma de riñón.

RETÍCULO: En forma de red.

RETRÁCTIL: Con capacidad para encogerse.

SEDAS: Pelos largos.

SEDIFORME: En forma de seda.

SERIGEO: Sedoso.

SERRADO: Sierra dentada.

SESIL: Inmóvil.

SIGMOIDEO: Curvado en dos direcciones como la letra S.

SILÍCEO: Amarillo tirando a marrón; perteneciente a sílice.

SINUADO: Curvado.

SUBDICOTÓMICO: Subdividido en dos pares.

SUBMENTÓN: Esclerito basal del labio.

SUBTERMINAL: Antes del final.

SUPRAMAXILAR: En peces, hueso de la mandíbula superior sito sobre el maxilar.

SUSTRATO: Base o fundamento, tal como el suelo en el que crecen los organismos.

SUTURA: Una juntura, lugar de unión de los segmentos del cuerpo de los insectos.

TALO: Tronco vegetal característico de ciertas plantas primitivas (Talofitas).

TARSO: Parte de las patas que lleva las uñas.

TIBIA: Parte de la pata de los insectos entre el fémur y el tarso.

TITULACIÓN: Añadir un volumen determinado a otro conocido hasta que se observa algún defecto.

TÓRAX: Región media del cuerpo de los artrópodos.

TRANSECCIÓN: Cortar de una parte a otra del cuerpo, justo por los ángulos, una sección transversal.

TRÁQUEA: Tubo respiratorio.

TRIARTICULAR: Con tres articulaciones.

TROCÁNTER: Segundo segmento de la pata de los insectos.

TROCANTINA: Parte basal del trocánter cuando está biarticulado; pequeño esclerito que conecta la coxa con el esternón.

TRUNCADO: Cortado en las puntas.

TUBÉRCULO: Pequeña protuberancia.

TUBO DE NESSLER: Recipiente de cristal de forma cilíndrica y estrecho.

UMBONES: Dos espinas móviles en el margen del protórax de ciertos escarabajos.

VOMER: Hueso medio asociado al paladar, en algunos peces está armado de dientes.

ZONADO: Acotado con zonas; formando círculos o fajas

Made in the USA
Monee, IL
13 September 2026

62973754R00083